普通高等教育"十二五"规划教材

Access 数据库技术及应用实验教程

（第 2 版）

主　编　王　莉　赵凤荣　朝力萌
副主编　裴冬梅　刘　洋
主　审　赵希武

北京邮电大学出版社
·北京·

内 容 简 介

本书是《Access 数据库技术及应用》(第 2 版)一书的配套实验指导教材,内容分为实验篇、同步练习篇、测试篇三部分。全书实验题目的设计采用了"教学管理"和"学生选课信息管理"两个数据库,从多方面帮助读者掌握 Access 数据库的操作方法。

本书可作为高等院校各专业计算机公共基础课 Access 的配套实验指导教材,也可作为计算机等级考试的培训教材。

图书在版编目(CIP)数据

Access 数据库技术及应用实验教程/王莉,赵凤荣,朝力萌主编. --2 版. --北京:北京邮电大学出版社,2015.1
ISBN 978-7-5635-4281-9

Ⅰ.①A… Ⅱ.①王… ②赵… ③朝… Ⅲ.①关系数据库系统-高等学校-教学参考资料 Ⅳ.①TP311.138

中国版本图书馆 CIP 数据核字(2015)第 016005 号

书　　名	Access 数据库技术及应用实验教程(第 2 版)
主　　编	王　莉　赵凤荣　朝力萌
责任编辑	马　飞
出版发行	北京邮电大学出版社
社　　址	北京市海淀区西土城路 10 号(100876)
电话传真	010-82333010　62282185(发行部)　010-82333009　62283578(传真)
网　　址	www.buptpress3.com
电子信箱	ctrd@buptpress.com
经　　销	各地新华书店
印　　刷	北京泽宇印刷有限公司
开　　本	787 mm×1 092 mm　1/16
印　　张	9.5
字　　数	231 千字
版　　次	2015 年 1 月第 2 版　2015 年 1 月第 1 次印刷

ISBN 978-7-5635-4281-9　　　　　　　　　　　　　　　　　　　　定价:24.00 元

如有质量问题请与发行部联系
版权所有　侵权必究

前　言

　　Microsoft Access 是 Microsoft 公司的 Office 办公自动化软件的组成部分，是应用广泛的关系型数据库管理系统之一，既可以用于小型数据库系统开发，又可以作为大中型数据库应用系统的辅助数据库或组成部分。本课程是面向非计算机专业的本科生开设的计算机基础课，以 Access 数据库管理系统为平台，介绍数据库系统开发的思想和方法。通过理论与实践教学，使学生掌握关系型数据库的基本操作，理解关系型数据库的有关概念，具备一定的数据库结构设计的能力，并能综合运用所学知识，进行小型数据库应用系统的开发工作。

　　本实验教程分为实验篇、同步练习篇、测试篇三部分内容。第一部分：实验 1—4 由朝力萌老师完成，实验 5—6 由王莉老师完成，实验 7 由赵凤荣老师完成，实验 8 由裴冬梅老师完成，实验 9—10 由刘洋老师完成；第二部分、第三部分由朝力萌老师完成；附录由朝力萌、王莉两位老师完成；教学案例及所有的教学资源等资料由赵希武、刘海波两位老师收集和整理完成。全书由赵希武老师统稿。

　　由于编者水平有限，时间仓促，尽管我们尽了最大的努力，但错误和不妥之处仍在所难免，敬请读者批评指正，不吝赐教。

编　者

2014 年 12 月

目 录

第一部分 实验篇

实验1　数据库设计 ·· (2)
实验2　创建 Access 数据库 ··· (5)
实验3　创建和使用表 ·· (8)
实验4　建立表间的关系 ··· (12)
实验5　查询设计 ··· (14)
实验6　SQL 语言 ·· (39)
实验7　窗体设计 ··· (46)
实验8　报表设计 ··· (75)
实验9　宏 ··· (87)
实验10　小型数据库管理系统的设计 ··· (97)

第二部分 同步练习篇

第1章　数据库基础知识 ·· (99)
第2章　创建数据库和表 ·· (101)
第3章　查询 ··· (103)
第4章　窗体 ··· (106)
第5章　报表 ··· (108)
第6章　宏 ·· (110)
第7章　模块与 VBA 程序设计 ·· (112)

第三部分 测试篇

模拟试卷 ··· (115)
国家计算机等级考试样题 ··· (126)
国家计算机等级考试二级 Access 笔试样题 ··· (126)
国家计算机等级考试二级 Access 上机样题 ··· (137)
附录 ··· (141)

第一部分 实验篇

　　Access 数据库实验是 Access 数据库应用课程的重要组成部分,属于学科基础实验范畴,是与相关教学内容配合的实践性教学环节。学生通过实验,验证课堂学习的知识,掌握数据库、数据表建立、查询、窗体、报表、宏的操作和使用方法,从而具有小型数据库管理系统的使用和设计能力。

　　在 Access 数据库应用的课程实验过程中,要求学生做到以下几点。

　　1. 预习实验指导书有关部分,认真做好实验内容的准备,就实验可能出现的情况提前作出思考和分析。

　　2. 仔细观察上机操作时出现的各种现象,记录主要情况,写出必要说明和分析。

　　3. 认真书写实验报告。实验报告包括实验目的和内容,实验情况及其分析。

　　4. 遵守机房纪律,服从辅导教师指挥,爱护实验设备。

实验 1 数据库设计

【实验目的】

1. 了解数据库的设计过程。
2. 根据已给的 E-R 模型转换为相应的关系模型。

【实验内容】

实验 1-1

图 1-1 为某学校一个学期的学生选课信息管理关系图,根据图 1-1 画出相应的 E-R 模型图(用矩形框表示实体、用椭圆框表示属性、用菱形框表示实体间的联系)。

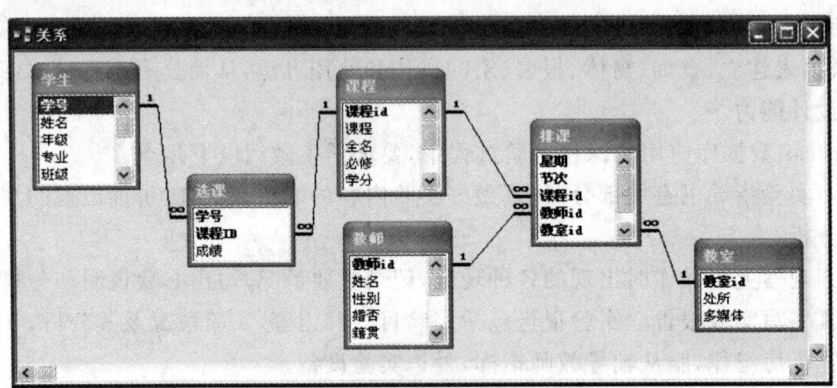

图 1-1 教学信息管理的关系

实验 1-2

1. 图 1-2 是通过对某学校的教学业务流程进行分析所画出的部分 E-R 模型。
2. 实体属性与联系属性的描述。

实体的属性:

(1)实体"学院"的属性为:学院代码,学院名称,学院简介。
(2)实体"专业"的属性为:专业代码,专业名称,专业简介。
(3)实体"学生类别"的属性为:类别号,类别名称。
(4)实体"教师"的属性为:教师号,姓名,性别,民族,生日,参加工作时间,职称。
(5)实体"学生"的属性为:学号,姓名,性别,民族,生日。
(6)实体"课程"的属性为:课号,课名,课程类型,课程简介。
(7)实体"教室"的属性为:校区,楼名,房间号,教室类型,容纳人数。
(8)实体"教学班"的属性为:课号,班级号,容纳人数,已选课人数。

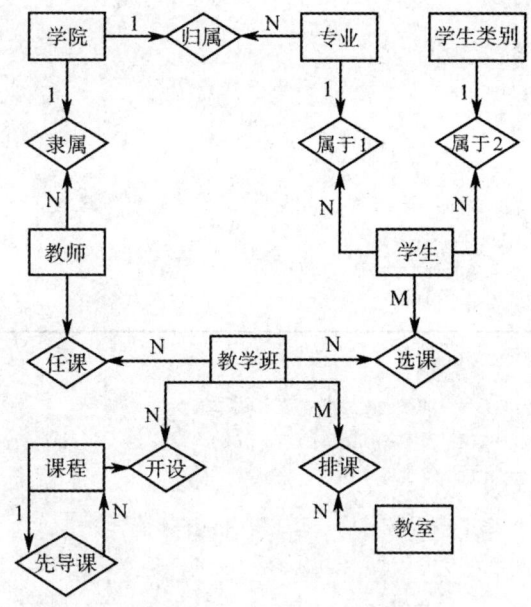

图 1-2 教学管理 E-R 模型

联系的属性：
(1)联系"选课"的属性：成绩。
(2)联系"排课"的属性：星期,节。
3.关系模型。
学院(学院代码,学院名称,学院简介)
专业(专业代码,专业名称,专业简介)
学生类别(类别号,类别名称)
教师(教师号,姓名,性别,民族,生日,参加工作时间,职称,学院代码)
教室(校区,楼名,房间号,教室类型,容纳人数)
排课(顺序号,课号,班级号,校区,楼名,房间号,星期,节)
请写出学生、课程、教学班、选课的关系模型,并在主键下面加实线下划线,在外键上加波浪线。

【实验情况及其分析】

简述数据库的主要设计过程,并写出学生、课程、教学班、选课的关系模型。

主要问题
简要分析或个人体会
教师评语及实验成绩

实验 2　创建 Access 数据库

【实验目的】

1. 了解 Access 数据库窗口的基本组成。
2. 熟悉 Access 的工作环境,达到熟练使用的目的。
3. 学会查找 6 个数据库对象的相关帮助信息,为以后实验打下基础。
4. 学会如何创建数据库文件。

【实验内容】

1. 在 E 盘上创建以自己学号加姓名为名的文件夹。
2. 启动 Access 数据库,在自己的文件夹中创建名为"教学管理.mdb"与名为"学生选课信息.mdb"的两个空数据库文件。
3. 启动 Access 数据库,使用"样本模板"创建"罗斯文.Accdb"数据库,并保存在自己的文件夹中。然后运行该数据库应用系统,了解它的各部分组成和功能。

【实验步骤提示】

1. 启动 Windows 操作系统后,单击"开始"→"所有程序"→"Microsoft Office"→"Microsoft Office Access 2010"项,进行上述操作后便出现 Access 的"新建数据库"窗口,如图 2-1 所示。

图 2-1　Access 创建数据库窗口

2.在图2-1窗口的左侧区域中,选择"新建"→在窗口中间区域选择"空数据库"→在窗口右侧区域"文件名"标签下的文本框中,输入将要建立的数据库的文件名"教学管理"→单击文本框后的"文件夹"图标,在打开的"文件新建"对话框中指定数据库文件的存放位置,单击"创建"按钮,随后出现如图2-2所示的"教学管理"数据库的"数据库操作"窗口。

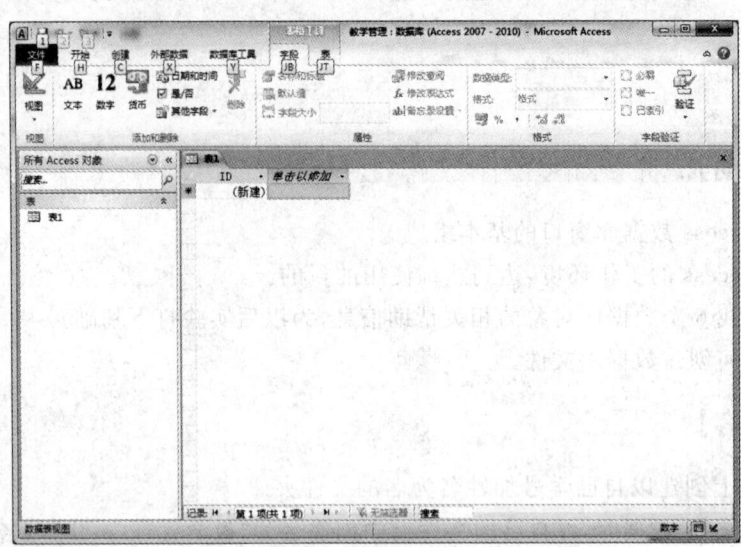

图2-2　数据库操作窗口

3.了解"数据库操作"窗口各部分的组成,认识数据库所包含的主要对象,然后单击Access 2010应用程序标题栏右侧的"关闭"按钮,可关闭Access 2010。

【实验情况及其分析】

简述数据库的创建过程
主要问题

简要分析或个人体会

教师评语及实验成绩

实验3 创建和使用表

【实验目的】

1. 熟练掌握使用数据库表的建立方法。
2. 掌握表属性的设置。
3. 掌握记录的编辑、排序和筛选。
4. 掌握索引和关系的建立。

【实验内容】

实验3-1

1. 在实验2中建立的"教学管理.mdb"数据库中创建"学生"、"课程"、"教学班"、"选课"4个表(4个表的结构见表3-1至表3-4)。

表3-1 "学生"表结构

字段名称	数据类型	字段大小	主键
学号	文本	11	是
姓名	文本	8	否
性别	文本	1	否
民族	文本	9	否
生日	日期/时间	—	否
院系	文本	18	否

表3-2 "课程"表结构

字段名称	数据类型	字段大小	主键
课号	文本	6	是
课名	文本	8	否
课程类型	文本	2	否
课程简介	备注	—	—
先导课号	文本	6	否

表 3-3 "教学班"表结构

字段名称	数据类型	字段大小	主键
课号	文本	6	是
班级号	文本	7	是
容纳人数	数字	整型	否
已选课人数	数字	整型	否

表 3-4 "选课"表结构

字段名称	数据类型	字段大小	主键
学号	文本	11	是
课号	文本	6	是
班级号	文本	7	是
成绩	数字	单精度(小数位数2)	否

2. 将"学生"表中的"生日"字段的格式设置为"中日期"。
3. 将"课程"表的"课名"字段的"标题"设置为"课程名称";"课程类型"字段的默认值设置为"必修"。
4. "选课"表的"成绩"字段设置有效性规则"成绩≥0 并且成绩≤150",有效性文本为"成绩介于 0 到 150 之间"。
5. 为"学生"表的"性别"字段设置查阅属性,显示控件为组合框,行来源类型为值列表,行来源为男或女。
6. 在"学生"、"课程"和"教学班"、"选课"4 个表中按表 3-5、表 3-6、表 3-7、表 3-8 中所示内容输入记录,备注内容可以自己定义。

表 3-5 "学生"表

学号	姓名	性别	民族	生日	院系
20071213158	图门毕力格	男	蒙古族	1987-3-6	计算机
20071213210	努恩吉雅	女	蒙古族	1988-10-2	计算机
20071116180	李强	男	汉族	1986-4-5	数学
20071118002	王蕾	女	回族	1986-5-5	数学
20071118031	石艳	女	汉族	1989-12-10	数学
20081121066	李强	男	汉族	1990-2-1	数学

表 3-6 "课程"表

课号	课名	课程类型	课程简介	先导课号
180001	计算机导轮	专业		
180002	C语言程序设计	专业		180001
180003	C++	专业		180002
180004	数据结构	专业		180002
180005	数据库原理	专业		180004
189001	Visual Basic 程序设计	公共		

表 3-7 "教学班"表

课号	班级号	容纳人数	已选课人数
180001	2009101	70	64
180001	2009102	70	56
180002	2009101	80	72
180002	2009102	80	68
190021	2009101	85	84
190021	2009102	85	80

表 3-8 "选课"表

学号	课号	班级号	成绩
20071213158	180001	2009101	68
20071213158	180002	2009101	89
20071118031	180001	2009101	85
20071118031	180002	2009102	84
20081121066	180002	2009101	70

实验 3-2

打开"学生选课信息.mdb"数据库。

1. 从实验数据库文件夹中将 6 个 Excel 文件导入到"学生选课信息.mdb"的数据库,导入过程中不允许设置主键,表名与 Excel 的主文件名相同。

2. 将"学生"表的"学号"字段类型设置为文本型,大小为 11,并设置为主键。

3. 将"学生"表的"性别"字段默认值设置为"男",并设置有效性规则为"男"或"女",有效性文本为:只能输入"男"或"女"。

4. 将"学生"表的"照片"字段类型设置为 OLE 型。

5. 将"课程"表的"课程 id"字段设置为文本型,大小为 6,并设置为主键。

6. 将"选课"表的"课程 id"字段设置为文本型,大小为 6,将"学号"字段设置为文本型,大小为 11。

7. 对"选课"表进行分析,根据实际情况设置主键。

8. 将"教师"表的"教师 id"字段设置为文本型,大小为 11,"宅电"字段只允许输入 11 位的 0 到 9 的数字,并根据实际情况设置主键。

9. 对"教室"表的"教室 id"字段设置为文本型,大小为 4,并根据实际情况设置主键。

10. 根据"教室"、"课程"、"教师"3 个表相应字段的信息设置"排课"表的"课程 id"、"教师 id"、"教室 id"3 个字段的类型及大小,根据实际情况设置主键。

实验 3-3

打开"学生选课信息.mdb"的数据库,设置数据表的格式。

1. 将"学生"表的行高设置为 23,所有单元格的格式设置为"凹陷",列宽为最佳匹配。
2. 将"家庭收入"列隐藏。
3. 冻结"学号"、"姓名"两列。
4. 按"专业"进行升序排序。
5. 筛选"1987"出生的所有学生。

【实验情况及其分析】

简述主要操作过程
主要问题
简要分析或个人体会
教师评语及实验成绩

实验 4　建立表间的关系

【实验目的】

1. 学会分析表之间的关系,并创建合理的关系。
2. 理解参照完整性的含义和掌握如何设置表间的参照完整性。
3. 理解"级联更新相关字段"和"级联删除相关记录"的含义。

【实验内容】

1. 分析"学生选课信息.mdb"数据库 6 个表之间的关系。
2. 根据 6 个表的主键设置 6 个表之间的关联(只实施参照完整性,不实施级联更新和级联删除,如图 4-1 所示)。

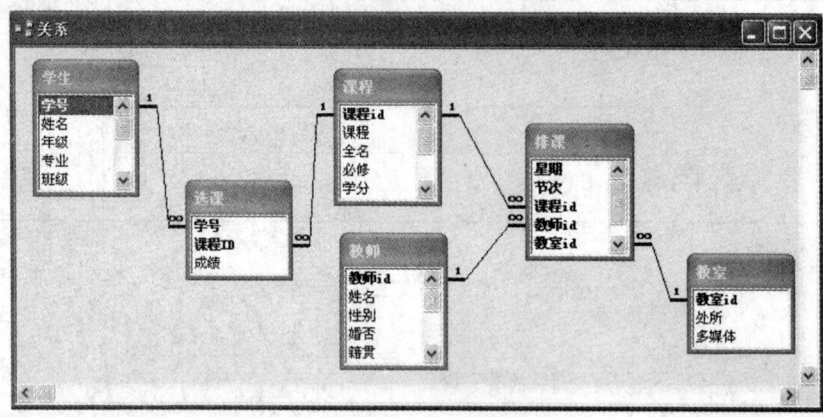

图 4-1　教学信息管理的关系图

3. 打开没有建立关系前的"学生"表和建立关系后的"学生"表,试比较前后有什么不同。
4. 修改表的关系,实施级联更新和级联删除。分别打开"学生"表和"选课"表,将两者调整至可以同时显示在屏幕的状态,试一试修改某一学生的学号,然后将鼠标指针移到下一个学号字段时,观察"选课"表的"学号"字段的变化,反之如何。

【实验情况及其分析】

简述主要操作过程

实验 4 建立表间的关系

主要问题
简要分析或个人体会
教师评语及实验成绩

实验 5 查询设计

【实验目的】

1. 理解查询的概念,了解查询的种类。
2. 学习使用查询设计器创建单表或多表查询的方法。
3. 认识查询的数据表视图、设计视图和 SQL 视图,掌握查询结果的查看方法。
4. 掌握各种操作查询的使用方法,如参数查询和交叉表、重复项、不匹配项查询。

【实验内容】

实验 5-1

打开"学生选课信息.mdb"的数据库,创建如下选择查询。

1. 创建名为"学生选课成绩"的查询,显示学生的"学号"、"姓名"、"专业"、"课程"及"成绩"字段。

【实验步骤提示】

①选择"创建"|"查询"|"查询设计"命令,打开"显示表"对话框,如图 5-1 所示。

图 5-1 "显示表"对话框

②添加"学生"表、"选课"表、"课程"表到查询设计视图中,作如下设计,如图 5-2 所示。

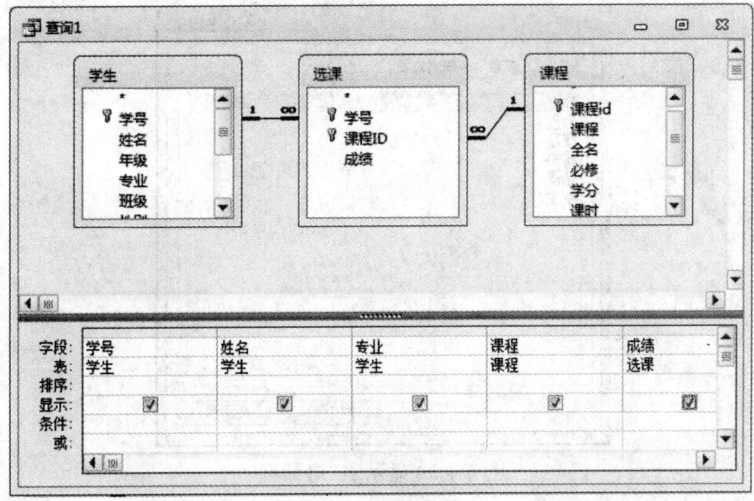

图 5-2 设计窗口

③运行查询,得到如图 5-3 所示的运行结果。

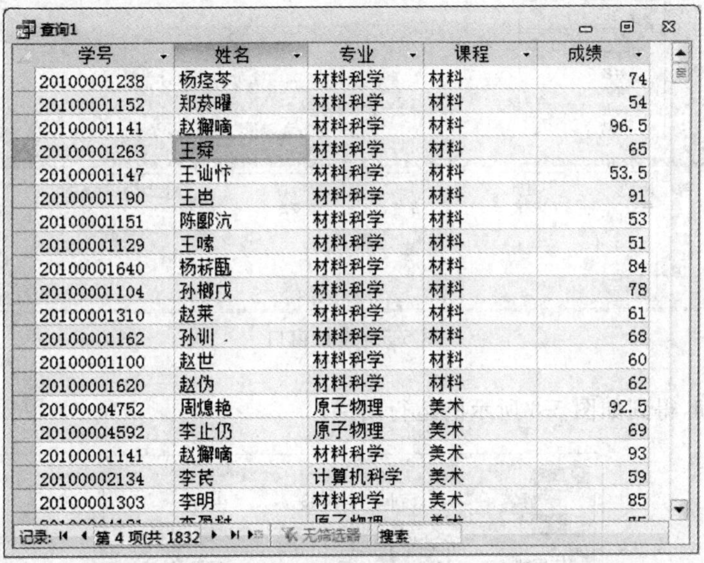

图 5-3 运行结果

④关闭查询结果窗口,在弹出的提示保存对话框中选择"是",此时弹出"另存为"对话框,在名称框中输入"学生选课成绩",单击"确定"按钮将其保存。

2.创建名为"学生 1989-2-女"的查询,查找 1989 年出生的 2 年级的女学生,显示"姓名"、"性别"、"年级"和"生日"字段(提示:用 year()函数获得年号)。

【实验步骤提示】

①选择"创建"|"查询"|"查询设计"命令,打开"显示表"对话框,如图 5-4 所示。

图 5-4 "显示表"对话框

②添加"学生"表到查询设计视图中,作如下设计,如图 5-5 所示。

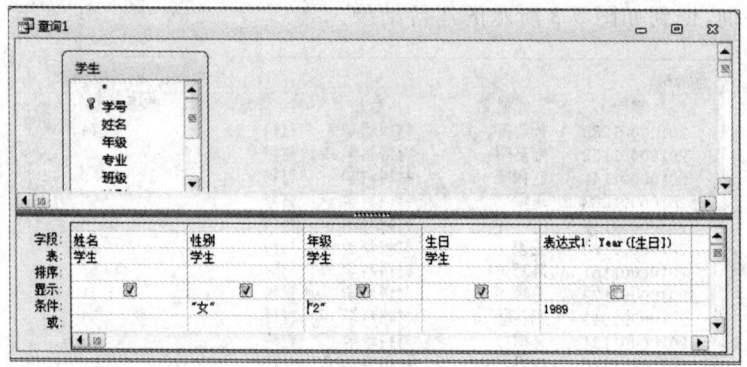

图 5-5 设计窗口

③运行查询,得到如图 5-6 所示的运行结果。

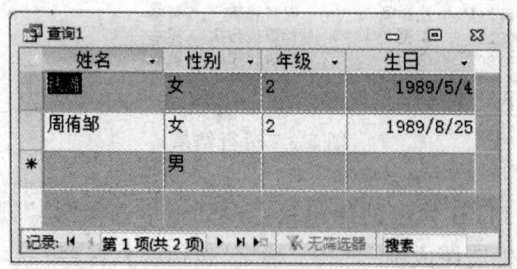

图 5-6 运行结果

④关闭查询结果窗口,在弹出的提示保存对话框中选择"是",此时弹出"另存为"对话框,在名称框中输入"学生 1989-2-女",单击"确定"按钮将其保存。

3.创建名为"教授或副教授"的查询,查找职称为教授或副教授的教师的任课情况,显示"姓名"、"职称"、"性别"和课程的"全名"字段。

实验 5　查询设计

【实验步骤提示】

①选择"创建"|"查询"|"查询设计"命令,打开"显示表"对话框,如图 5-7 所示。

图 5-7　"显示表"对话框

②添加"教师"表、"排课"表、"课程"表到查询设计视图中,作如下设计,如图 5-8 所示。

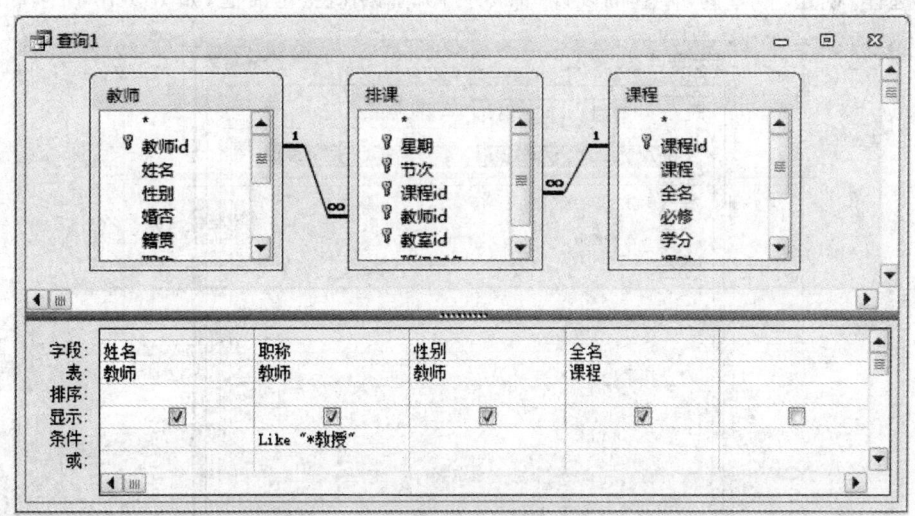

图 5-8　设计窗口

③运行查询,得到如图 5-9 所示的运行结果。

④关闭查询结果窗口,在弹出的提示保存对话框中选择"是",此时弹出"另存为"对话框,在名称框中输入"教授或副教授",单击"确定"按钮将其保存。

4.创建名为"本月生日的学生"的查询,查看本月生日的学生,显示"姓名"、"性别"和"生日"字段,查询结果按"生日"的升序排序。

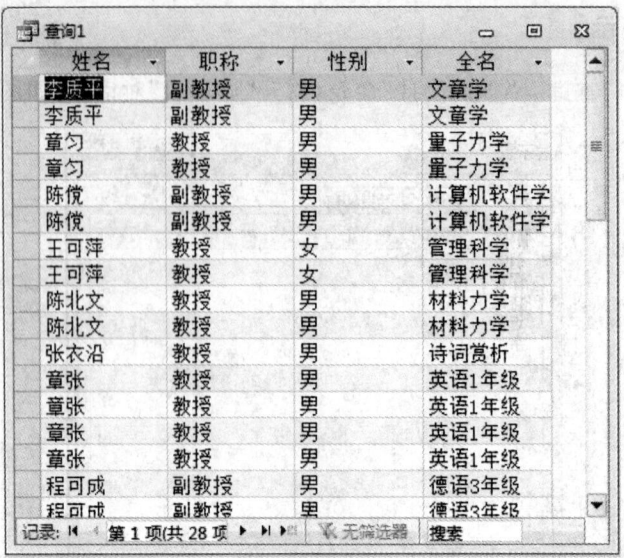

图 5-9 运行结果

【实验步骤提示】

①选择"创建"|"查询"|"查询设计"命令,打开"显示表"对话框,如图 5-10 所示。

图 5-10 "显示表"对话框

②添加"学生"表到查询设计视图中,作如下设计,如图 5-11 所示。

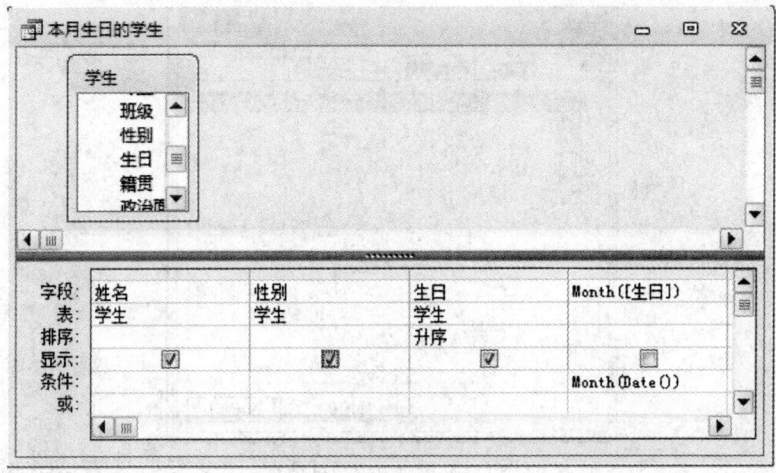

图 5-11 设计窗口

③运行查询,得到如图 5-12 所示的运行结果。

图 5-12 运行结果

④关闭查询结果窗口,在弹出的提示保存对话框中选择"是",此时弹出"另存为"对话框,在名称框中输入"本月生日的学生",单击"确定"按钮将其保存。

5. 根据"学生"表,创建名为"女学生年龄"的查询,显示学号、姓名、性别、生日,并添加"实际年龄"(定义新字段数据计算规则是:实际年龄＝Year(date())-Year([生日]))字段。

【实验步骤提示】

①选择"创建"|"查询"|"查询设计"命令,打开"显示表"对话框,如图 5-13 所示。

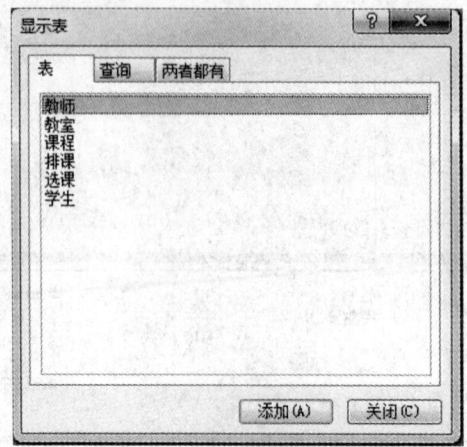

图 5-13 "显示表"对话框

②添加"学生"表到查询设计视图中,作如下设计,如图 5-14 所示。

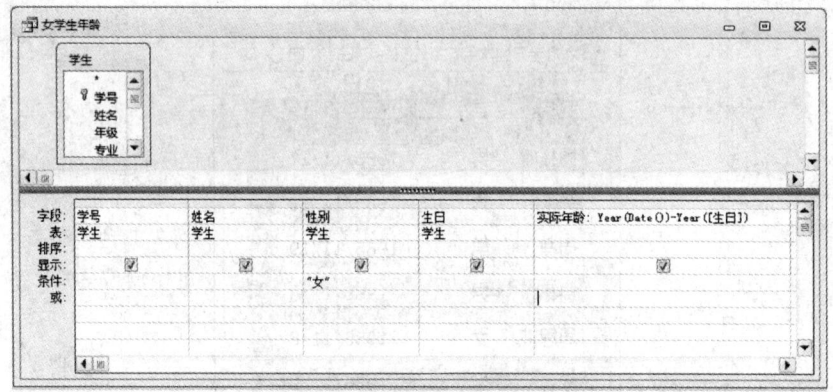

图 5-14 设计窗口

③运行查询,得到如图 5-15 所示的运行结果。

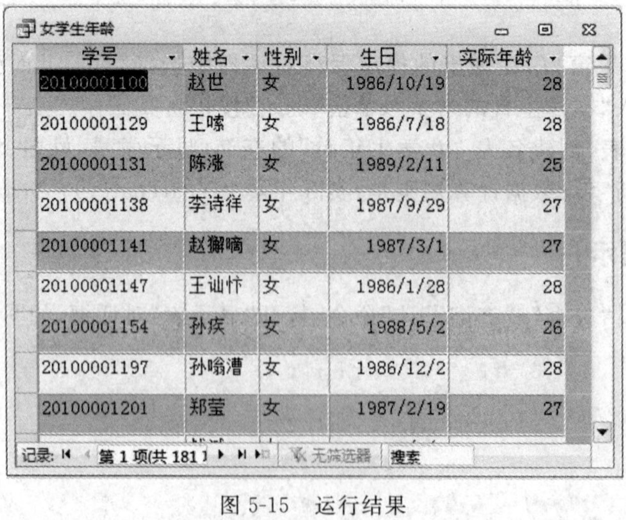

图 5-15 运行结果

④关闭查询结果窗口,在弹出的提示保存对话框中选择"是",此时弹出"另存为"对话框,在名称框中输入"女学生年龄",单击"确定"按钮将其保存。

实验 5-2

打开"学生选课信息.mdb"的数据库,创建如下汇总查询。

1. 创建名为"年级人数"的查询,统计各年级的学生人数,显示"年级"、"人数"(注:要求以学号为记数项)。

【实验步骤提示】

①选择"创建"|"查询"|"查询设计"命令,打开"显示表"对话框,如图 5-16 所示。

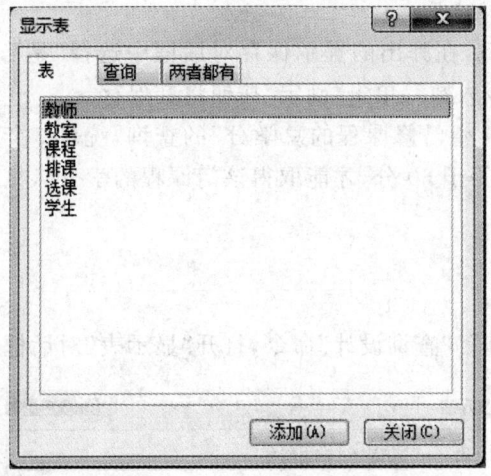

图 5-16 "显示表"对话框

②添加"学生"表到查询设计视图中,单击汇总命令按钮 后,作如下设计,如图 5-17 所示。

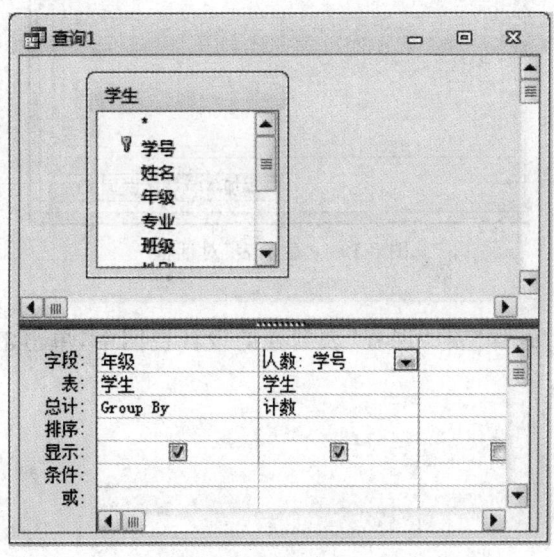

图 5-17 设计窗口

③运行查询,得到如图 5-18 所示的运行结果。

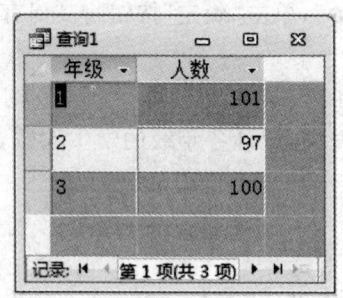

图 5-18　运行结果

④关闭查询结果窗口,在弹出的提示保存对话框中选择"是",此时弹出"另存为"对话框,在名称框中输入"年级人数",单击"确定"按钮将其保存。

2.创建名为"3 年级学生已修课程的总学分"的查询,统计 3 年级学生已修课程的总学分(只有课程的成绩大于等于 60 分,才能取得该门课程的学分),显示"学号"、"姓名"、"总学分"。

【实验步骤提示】

①选择"创建"|"查询"|"查询设计"命令,打开"显示表"对话框,如图 5-19 所示。

图 5-19　"显示表"对话框

②添加"学生"表、"选课"表、"课程"表到查询设计视图中,单击汇总命令按钮 Σ 后,作如下设计,如图 5-20 所示。

实验5 查询设计

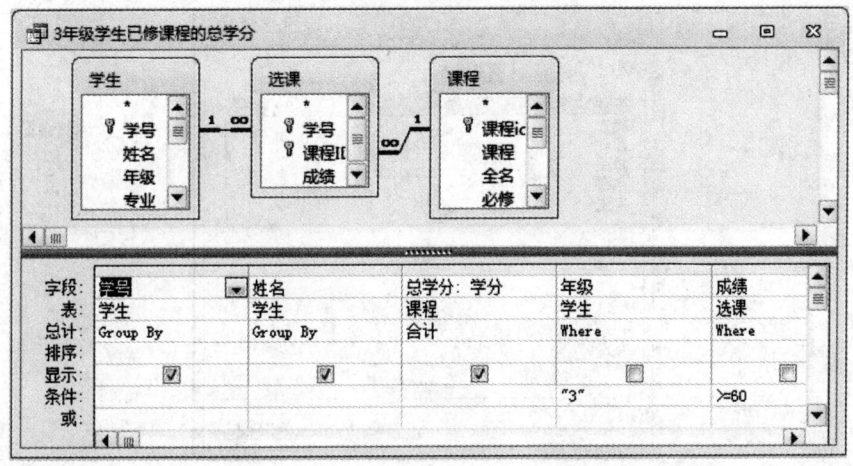

图 5-20 设计窗口

③运行查询,得到如图 5-21 所示的运行结果。

图 5-21 运行结果

④关闭查询结果窗口,在弹出的提示保存对话框中选择"是",此时弹出"另存为"对话框,在名称框中输入"3 年级学生已修课程的总学分",单击"确定"按钮将其保存。

实验 5-3

打开"学生选课信息.mdb"的数据库,创建如下操作查询。

1.创建名为"2 门以上不及格"的查询,将 2 门以上(含 2 门)不及格的学生记录生成一个新表,新表的名称为"生成 2 门以上不及格学生",新表的字段为"学号"、"门数"(注:要求以课程 id 为记数项)。

【实验步骤提示】

①选择"创建"|"查询"|"查询设计"命令,打开"显示表"对话框,如图 5-22 所示。

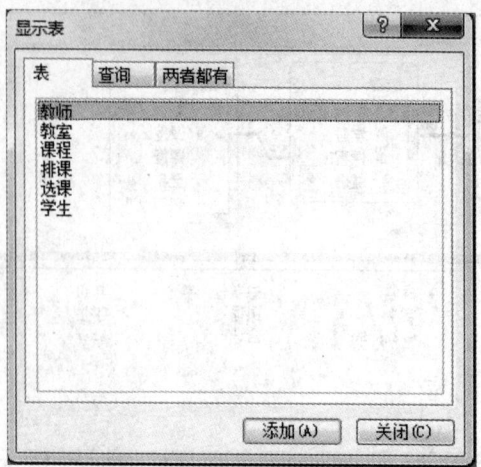

图 5-22 "显示表"对话框

②添加"选课"表到查询设计视图中,单击汇总命令按钮 Σ 汇总 后,作如下设计,如图 5-23 所示。

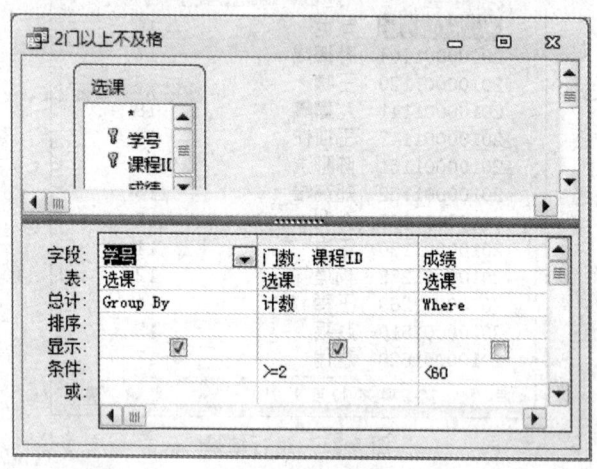

图 5-23 设计窗口

③单击"生成表"命令按钮 ,弹出 5-24 所示的"生成表"对话框,输入生成表的名称,并选择"当前数据库"选项,单击"确定"按钮。

图 5-24 "生成表"对话框

实验 5　查询设计

④运行查询,弹出如图 5-25 所示的对话框,单击"是"命令按钮后,将生成新表"生成 2 门以上不及格学生"。

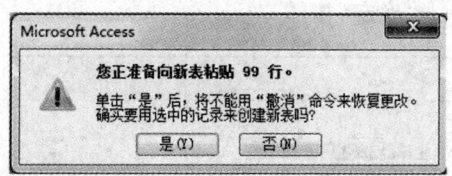

图 5-25　"生成新表提示"对话框

⑤关闭查询结果窗口,在弹出的提示保存对话框中选择"是",此时弹出"另存为"对话框,在名称框中输入"2 门以上不及格",单击"确定"按钮将其保存。

2.创建一个名为"追加"的追加查询,将 1 门不及格的学生信息添加到"生成 2 门以上不及格学生"表中。

【实验步骤提示】

①选择"创建"|"查询"|"查询设计"命令,打开"显示表"对话框,如图 5-26 所示。

图 5-26　"显示表"对话框

②添加"选课"表到查询设计视图中,单击汇总命令按钮 Σ 后,作如下设计,如图 5-27 所示。

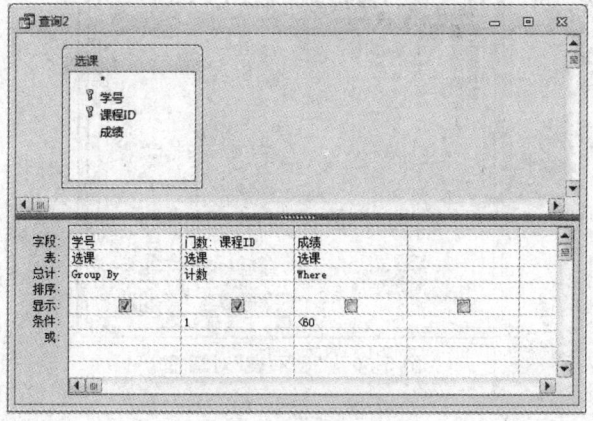

图 5-27　设计窗口

③单击"追加"命令按钮，弹出 5-28 所示的"追加"对话框，输入追加到表的名称，并选择"当前数据库"选项，单击"确定"按钮。

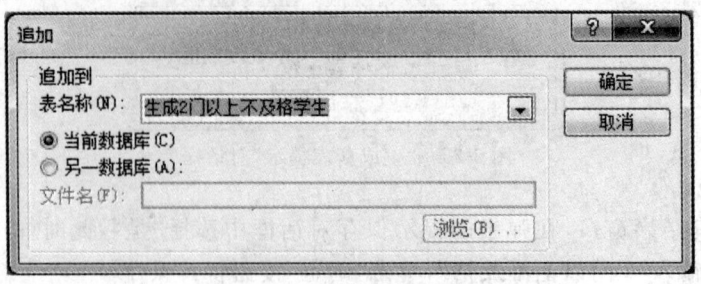

图 5-28 "追加"对话框

④运行查询，弹出如图 5-29 所示的对话框，单击"是"命令按钮后，将记录追加到表"生成 2 门以上不及格学生"中。

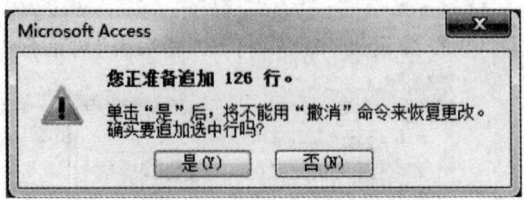

图 5-29 "追加到表提示"对话框

⑤关闭查询结果窗口，在弹出的提示保存对话框中选择"是"，此时弹出"另存为"对话框，在名称框中输入"追加"，单击"确定"按钮将其保存。

3.创建一个名为"贵州学生加分"的更新查询，将贵州学生的所有课程的成绩加上 2 分。

【实验步骤提示】

①选择"创建"|"查询"|"查询设计"命令，打开"显示表"对话框，如图 5-30 所示。

图 5-30 "显示表"对话框

②添加"学生"、"选课"表到查询设计视图中,单击"更新"命令按钮 后,作如下设计,如图 5-31 所示。

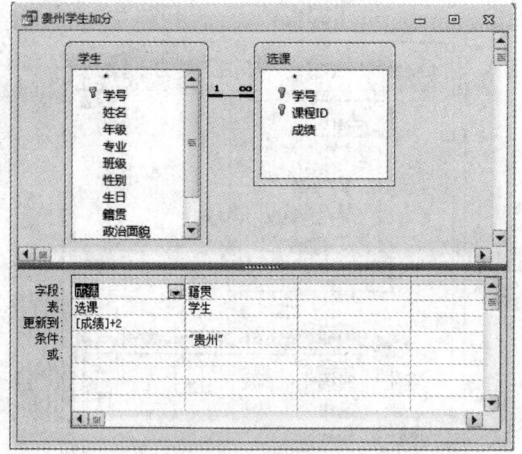

图 5-31 设计窗口

③运行查询,弹出如图 5-32 所示的对话框,单击"是"命令按钮后,将贵州学生的成绩字段更新。

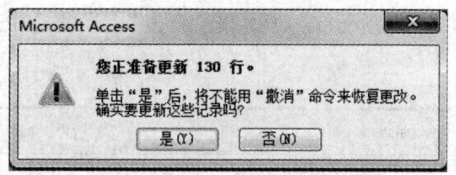

图 5-32 "更新表提示"对话框

④关闭查询结果窗口,在弹出的提示保存对话框中选择"是",此时弹出"另存为"对话框,在名称框中输入"贵州学生加分",单击"确定"按钮将其保存。

4. 创建一个名为"删除低于 60 分"的删除查询,将"选课"表中成绩低于 60 分的记录删除。

【实验步骤提示】

①选择"创建"|"查询"|"查询设计"命令,打开显示表对话框,如图 5-33 所示。

图 5-33 "显示表"对话框

②添加"选课"表到查询设计视图中,单击"删除"命令按钮 后,作如下设计,如图5-34所示。

图 5-34 设计窗口

③运行查询,弹出如图 5-35 所示的对话框,单击"是"命令按钮后,将删除满足条件的记录。

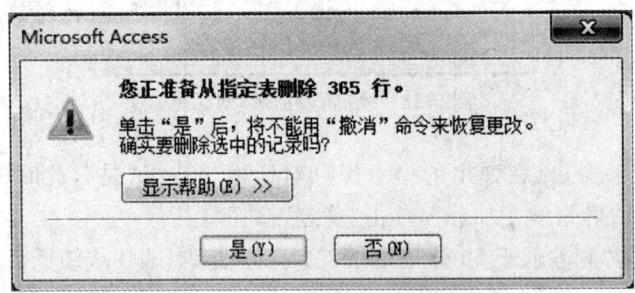

图 5-35 "删除提示"对话框

④关闭查询结果窗口,在弹出的提示保存对话框中选择"是",此时弹出"另存为"对话框,在名称框中输入"删除低于 60 分",单击"确定"按钮将其保存。

实验 5-4

打开"学生选课信息.mdb"的数据库,创建如下参数查询。

1. 创建一个名为"输入教师 id"的参数查询,要求根据所输入的教师 id,显示"姓名"、"性别"、"职称"字段。

【实验步骤提示】

①选择"创建"|"查询"|"查询设计"命令,打开"显示表"对话框,如图 5-36 所示。

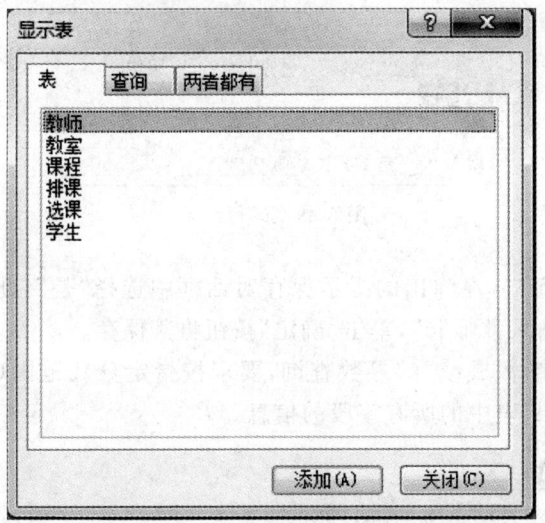

图 5-36 "显示表"对话框

②添加"教师"表到查询设计视图中,作如下设计,如图 5-37 所示。

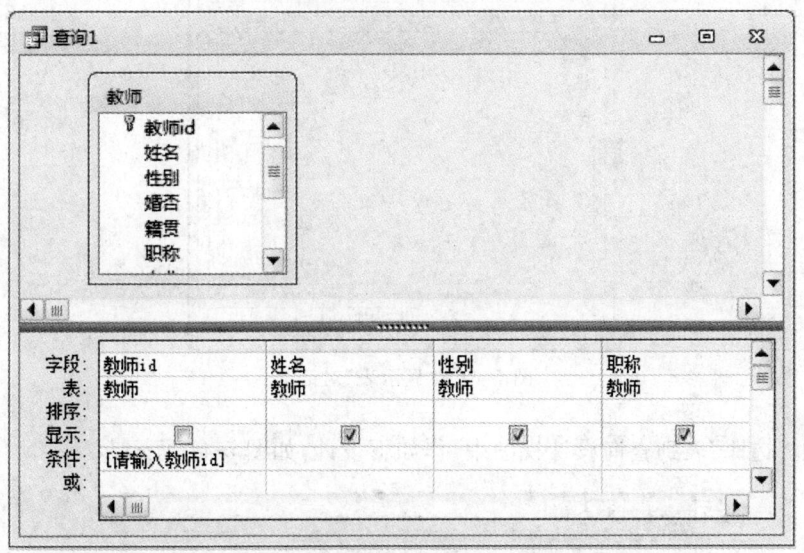

图 5-37 设计窗口

③运行查询,弹出如图 5-38 所示的对话框,在该对话框中输入参数值 10,单击"确定"按钮,运行结果如图 5-39 所示。

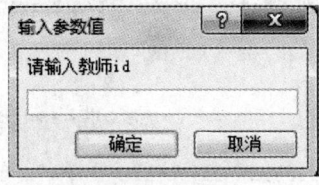

图 5-38 "输入参数值"对话框

图 5-39　运行结果

④关闭查询结果窗口,在弹出的提示保存对话框中选择"是",此时弹出"另存为"对话框,在名称框中输入"输入教师 id",单击"确定"按钮将其保存。

2.创建一个名为"参数成绩"的参数查询,要求按指定分数范围(分别为"最高成绩"和"最低成绩")显示"选课"表中的所有字段的信息。

【实验步骤提示】

①选择"创建"|"查询"|"查询设计"命令,打开"显示表"对话框,如图 5-40 所示。

图 5-40　"显示表"对话框

②添加"选课"表到查询设计视图中,作如下设计,如图 5-41 所示。

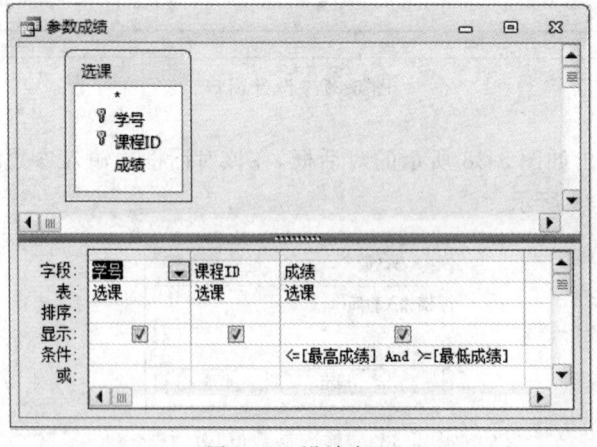

图 5-41　设计窗口

③运行查询,弹出如图5-42、图5-43所示的对话框,在该对话框中分别输入参数值90、70,单击"确定"按钮,运行结果如图5-44所示。

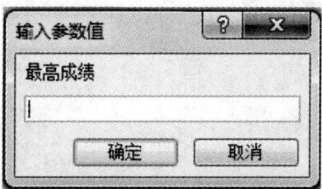
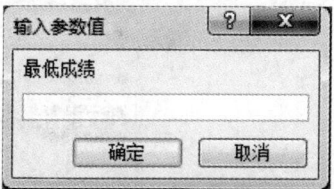

图 5-42 "输入参数值"对话框　　　　　图 5-43 "输入参数值"对话框

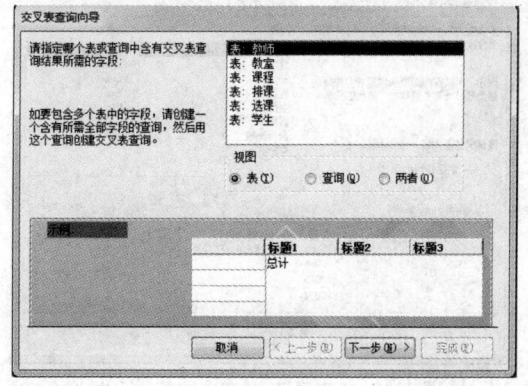

图 5-44 运行结果

④关闭查询结果窗口,在弹出的提示保存对话框中选择"是",此时弹出"另存为"对话框,在名称框中输入"参数成绩",单击"确定"按钮将其保存。

实验 5-5

打开"学生选课信息.mdb"的数据库,使用"交叉表查询向导"创建名为"各个年级男女生人数交叉表"的查询,要求统计各个年级男女生的人数。

【实验步骤提示】

①选择"创建"|"查询"|"查询向导"|"交叉表查询向导"命令,打开"交叉表查询向导"对话框,如图 5-45 所示。

图 5-45 "交叉表查询向导"对话框 1

②在"交叉表查询向导"对话框 1 中,选择"学生表",单击"下一步"按钮,弹出如图 5-46 所示的对话框。

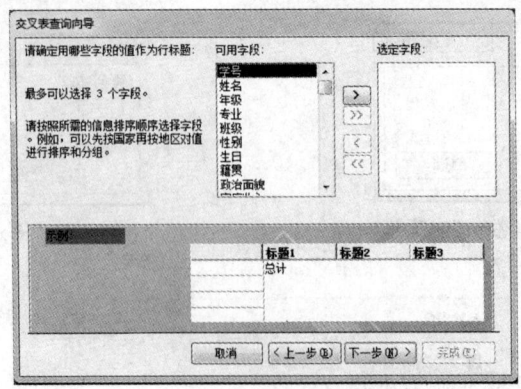

图 5-46 "交叉表查询向导"对话框 2

③在"交叉表查询向导"对话框 2 中,选择"年级"作为行标题,单击"下一步"按钮,弹出如图 5-47 所示的对话框。

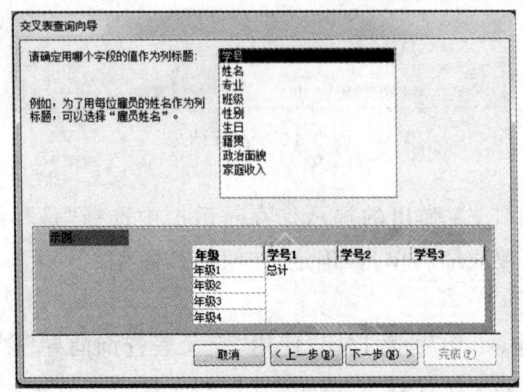

图 5-47 "交叉表查询向导"对话框 3

④在"交叉表查询向导"对话框 3 中,选择"性别"作为列标题,单击"下一步"按钮,弹出如图 5-48 所示的对话框。

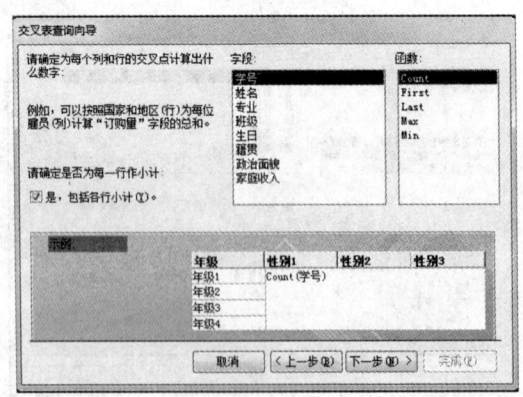

图 5-48 "交叉表查询向导"对话框 4

⑤在"交叉表查询向导"对话框 4 中,对"学号"进行计数,单击"下一步"按钮,弹出如图 5-49 所示的对话框。

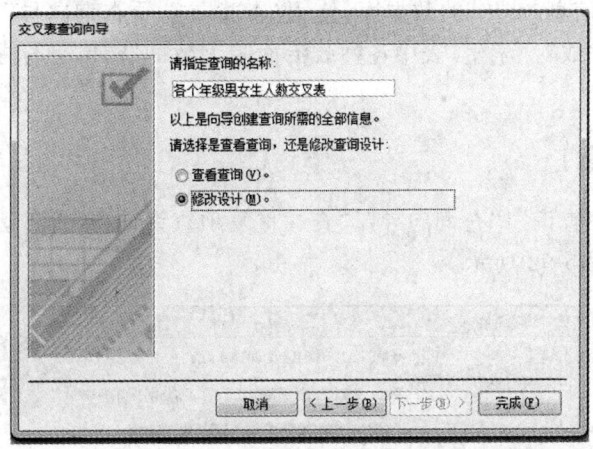

图 5-49 "交叉表查询向导"对话框 5

⑥在"交叉表查询向导"对话框 5 中,输入查询名称"各个年级男女生人数交叉表",选择"修改设计"选项,单击"完成"按钮,打开设计视图,作如图 5-50 所示的修改。

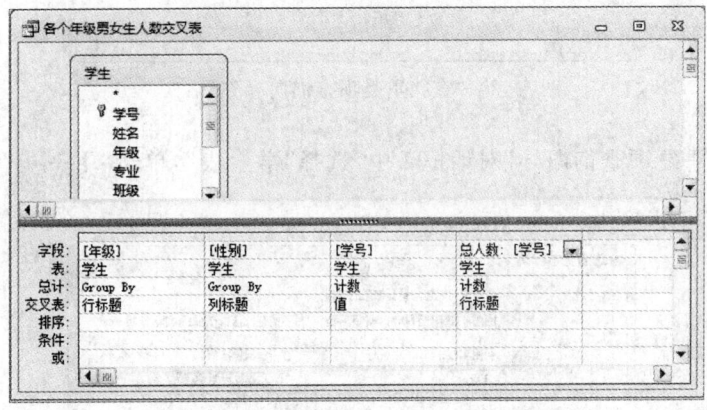

图 5-50 "交叉表查询向导"设计窗口

⑦单击"运行"按钮,运行结果如图 5-51 所示。

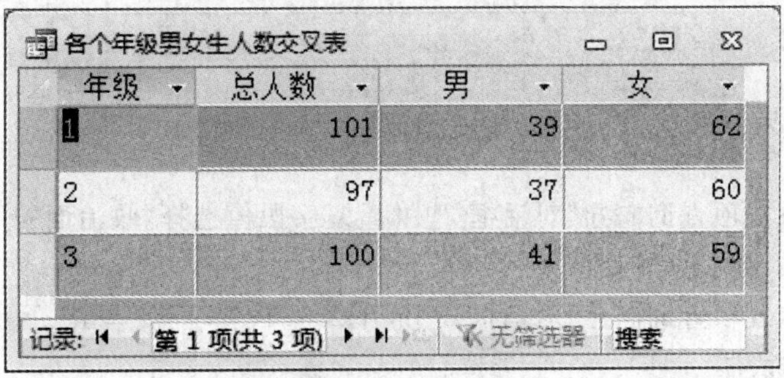

图 5-51 运行结果

⑧关闭查询结果窗口,在弹出的提示保存对话框中选择"是"。

实验 5-6

打开"学生选课信息.mdb"的数据库,使用"查找重复项查询向导"创建名为"各种政治面貌人数"的查询,完成对"学生"表中各种政治面貌人数的统计,列标题显示为"政治面貌"与"人数"。

【实验步骤提示】

①选择"创建"|"查询"|"查询向导"|"查找重复项查询向导"命令,打开"查找重复项查询向导"对话框,如图 5-52 所示。

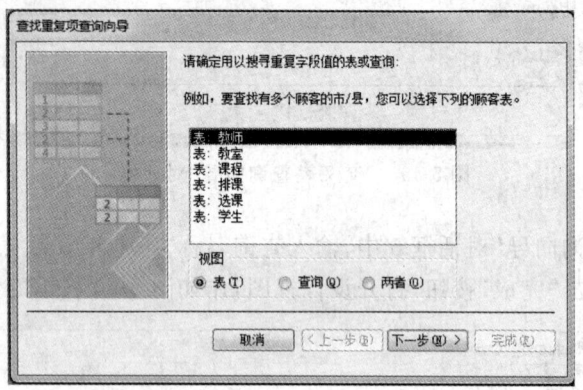

图 5-52 "查找重复项查询向导"对话框 1

②在"查找重复项查询向导"对话框 1 中,选择"学生表",单击"下一步"按钮,弹出如图 5-53 所示的对话框。

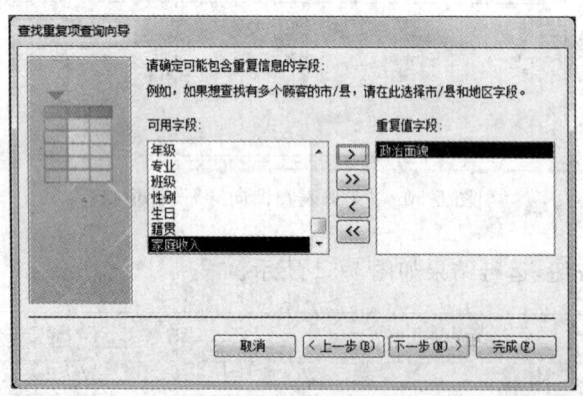

图 5-53 "查找重复项查询向导"对话框 2

③在"查找重复项查询向导"对话框 2 中,重复字段值选择"政治面貌",单击"下一步"按钮,弹出如图 5-54 所示的对话框。

④在"查找重复项查询向导"对话框 3 中,什么也不选,直接单击"下一步"按钮,弹出如图 5-55 所示的对话框。

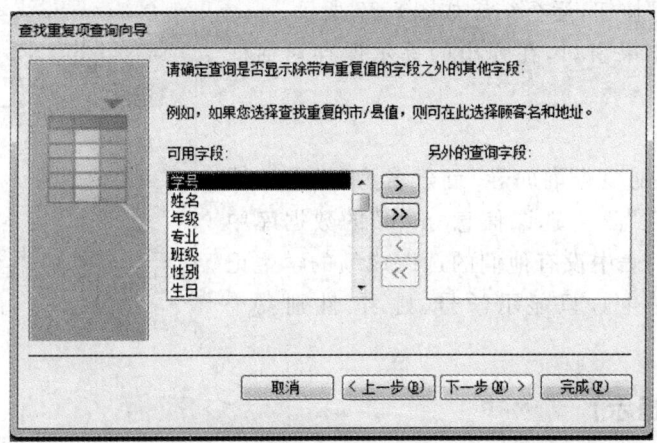

图 5-54 "查找重复项查询向导"对话框 3

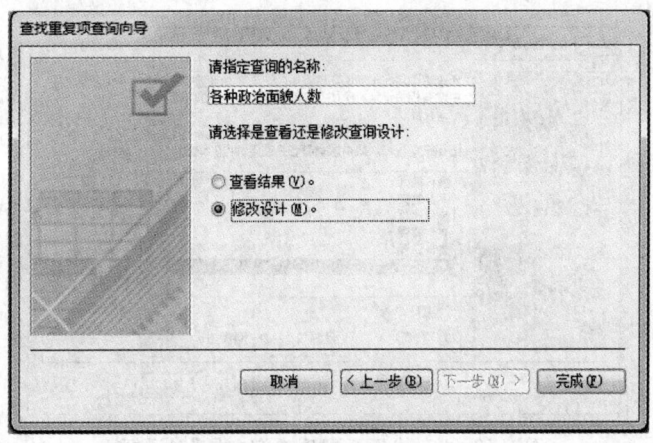

图 5-55 "查找重复项查询向导"对话框 4

⑤在"查找重复项查询向导"对话框 4 中,查询名称处输入"各种政治面貌人数",选择"修改设计"选项后。单击"完成"按钮,打开设计视图,作如图 5-56 所示的修改。

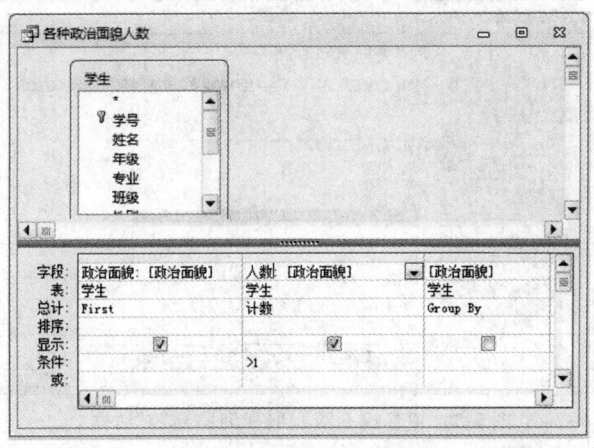

图 5-56 实验 5-6"查找重复项查询向导"设计窗口

⑥单击"运行"按钮,运行结果如图5-57所示。

⑦关闭查询结果窗口,在弹出的提示保存对话框中选择"是"。

实验 5-7

用"查找不匹配项查询向导"创建名为"没有选课的学生"的查询,在"学生选课信息.mdb"的数据库中查找哪些在"成绩"表中没有他们的选课成绩的学生记录(没有选课的学生),只显示学号、姓名、性别三个字段。

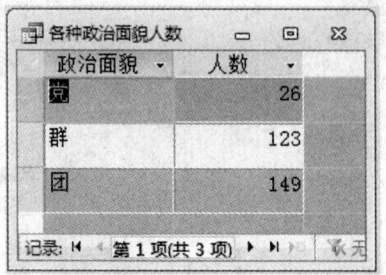

图5-57 运行结果

【实验步骤提示】

①选择"创建"|"查询"|"查询向导"|"查找不匹配项查询向导"命令,打开"查找不匹配项查询向导"对话框,如图5-58所示。

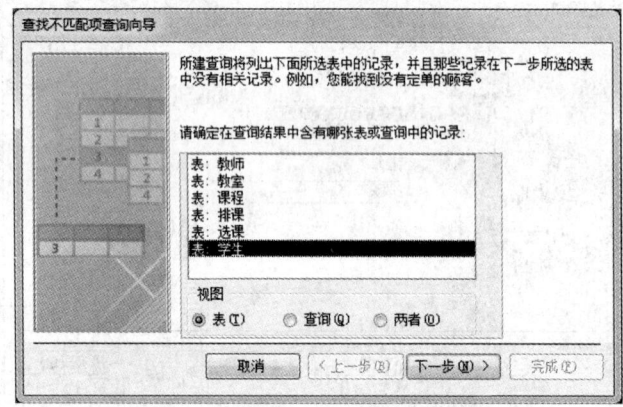

图5-58 "查找不匹配项查询向导"对话框1

②在"查找不匹配项查询向导"对话框1中,选择"学生表",单击"下一步"按钮,弹出如图5-59所示的对话框。

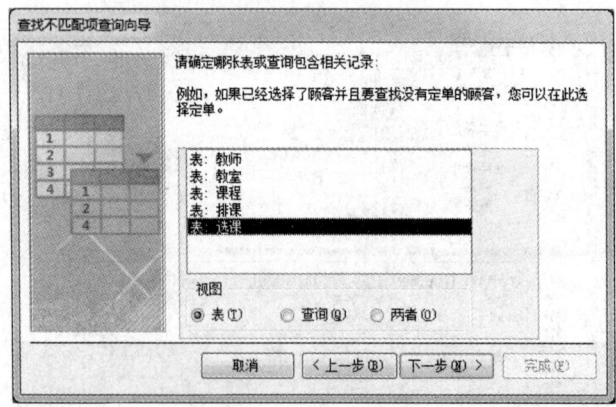

图5-59 "查找不匹配项查询向导"对话框2

③在"查找不匹配项查询向导"对话框 2 中,选择"选课"表,单击"下一步"按钮,弹出如图 5-60 所示的对话框。

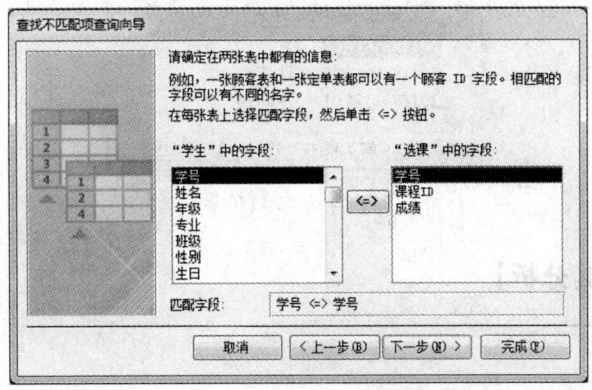

图 5-60 "查找不匹配项查询向导"对话框 3

④在"查找不匹配项查询向导"对话框 3 中,什么也不选,直接单击"下一步"按钮,弹出如图 5-61 所示的对话框。

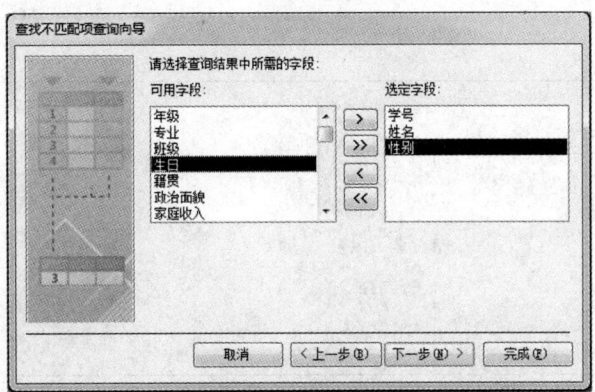

图 5-61 "查找不匹配项查询向导"对话框 4

⑤在"查找不匹配项查询向导"对话框 4 中,选择"学号"、"姓名"、"性别"字段添加到右侧列表框中,单击"下一步"按钮,弹出如图 5-62 所示的对话框。

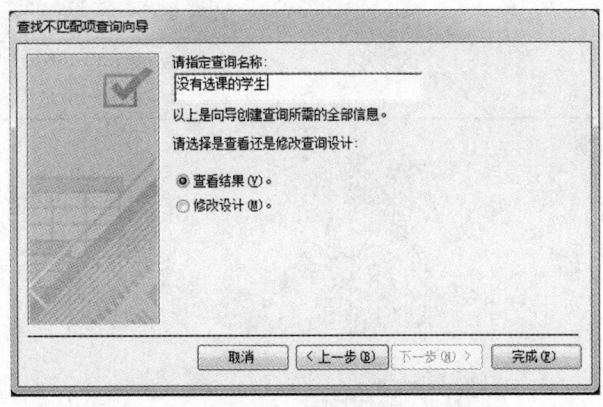

图 5-62 "查找不匹配项查询向导"对话框 5

⑥单击"完成"按钮,运行结果如图 5-63 所示。

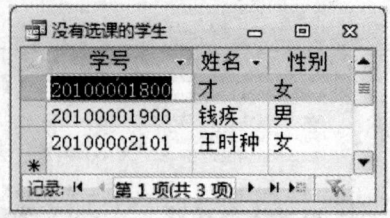

图 5-63 运行结果

【实验情况及其分析】

简述主要操作过程
主要问题
简要分析或个人体会
教师评语及实验成绩

实验 6　SQL 语言

【实验目的】

1. 掌握 SQL 语言的使用方法。
2. 利用 SQL 语句实现相关的操作。
3. 能够独立写出一些较复杂的 SQL 语句。

【实验内容】

实验 6-1

根据"学生选课信息.mdb"数据库中的表,使用 SQL 语句完成以下查询。

1. 创建名为"计算机科学系学生"的查询,从"学生"表中查找计算机科学系学生的所有信息。

【实验步骤提示】

①选择"创建"|"查询"|"查询设计"命令,关闭打开的"显示表"对话框,选择工具栏上的 SQL 视图命令按钮,打开 SQL 视图窗口,如图 6-1 所示。

图 6-1　SQL 视图窗口

②在 SQL 视图窗口中输入如图 6-2 所示的 SQL 语句。

```
SELECT *
FROM 学生
WHERE 学生.专业="计算机科学";
```

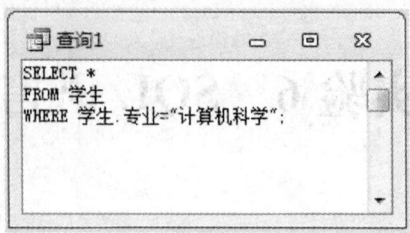

图 6-2　SQL 语句设计窗口

③运行查询，得到如图 6-3 所示的运行结果。

学号	姓名	年级	专业	班级	性别	生日	籍贯	政治面貌	家庭收入	照片
20100002101	王时种	1	计算机科学	12	女	1988/10/14	山西	团	8012	
20100002103	周蝇莒	2	计算机科学	22	女	1987/12/30	上海	群	8411	
20100002110	赵先檠	2	计算机科学	22	男	1986/10/31	上海	团	23715	
20100002111	杨元有	2	计算机科学	22	男	1987/8/2	云南	团	11325	
20100002113	郑茀	1	计算机科学	12	女	1989/6/18	河北	团	67632	
20100002117	李凭	3	计算机科学	32	男	1986/12/4	河南	团	12273	
20100002122	孙将	2	计算机科学	22	女	1988/8/14	西藏	党	12106	
20100002123	赵峙	1	计算机科学	12	男	1989/7/7	河北	群	25865	
20100002125	陈映殡	1	计算机科学	12	男	1988/12/14	西藏	群	7324	
20100002128	孙汛	3	计算机科学	32	女	1987/2/10	天津	团	70830	
20100002130	郑革蓉	2	计算机科学	22	男	1986/12/8	北京	群	145264	
20100002131	钱倬	2	计算机科学	22	女	1987/12/29	河南	团	10143	
20100002134	李芪	2	计算机科学	22	男	1988/10/6	重庆	团	55054	
20100002144	吴盏	3	计算机科学	32	男	1986/10/23	贵州	团	76687	

记录：第 1 项(共 92 项　无筛选器　搜索

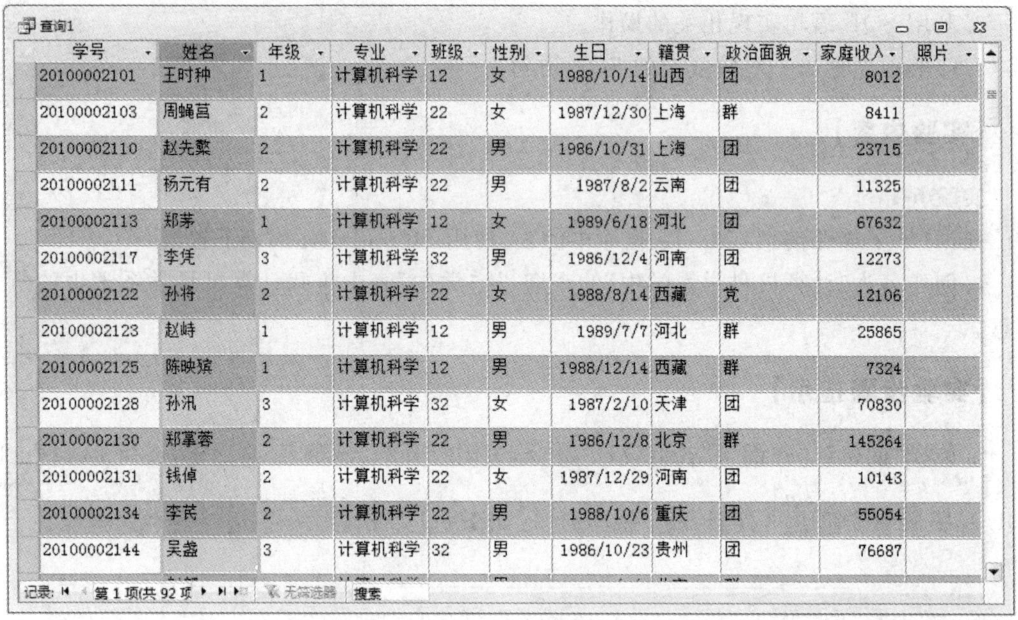

图 6-3　运行结果

④关闭查询结果窗口，在弹出的提示保存对话框中选择“是”，此时弹出“另存为”对话框，在名称框中输入“计算机科学系学生”，单击“确定”按钮将其保存。

2. 创建名为“尚未参加考试的学生”的查询，从“选课”表中查找尚未参加考试(成绩为空值)的学生的学号、课号。

【实验步骤提示】

①选择“创建”|“查询”|“查询设计”命令，关闭打开的“显示表”对话框，选择工具栏上的 SQL 视图命令按钮 ，打开 SQL 视图窗口，如图 6-4 所示。

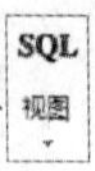

图 6-4　SQL 视图窗口

②在 SQL 视图窗口中输入如图 6-5 所示的 SQL 语句。

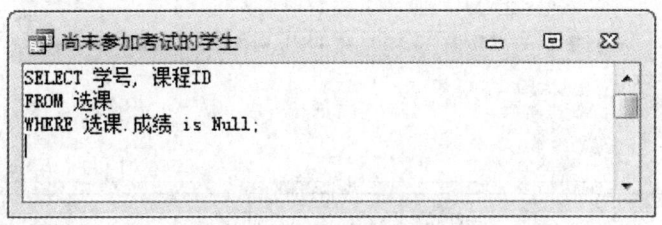

图 6-5　SQL 语句设计窗口

③运行查询,得到如图 6-6 所示的运行结果。

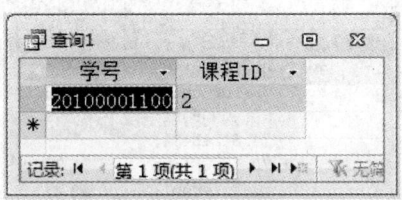

图 6-6　运行结果

④关闭查询结果窗口,在弹出的提示保存对话框中选择"是",此时弹出"另存为"对话框,在名称框中输入"尚未参加考试的学生",单击"确定"按钮将其保存。

3. 创建名为"每门课程的选课信息"的查询,从"选课"表中查找每门课程的选课人数、平均分、最高分、最低分。

①选择"创建"|"查询"|"查询设计"命令,关闭打开的"显示表"对话框,选择工具栏上的 SQL 视图命令按钮 ,打开 SQL 视图窗口,如图 6-7 所示。

图 6-7　SQL 视图窗口

②在 SQL 视图窗口中输入如图 6-8 所示的 SQL 语句。

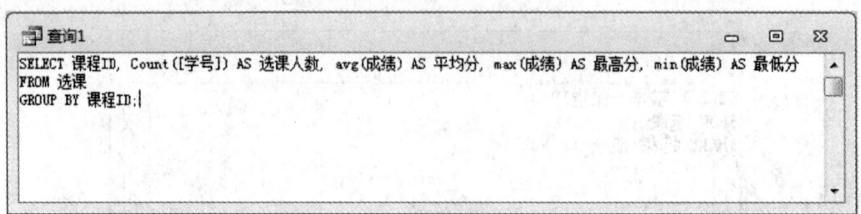

图 6-8　SQL 语句设计窗口

③运行查询,得到如图 6-9 所示的运行结果。

课程ID	选课人数	平均分	最高分	最低分
1	14	67.92857143	96.5	51
10	23	78.10869565	99	55
11	33	76.40909091	99	52
12	99	74.34343434	99	51
13	26	75.36538462	99	52
14	36	72.79166667	99	50
15	98	73.7244898	98	50
16	99	76.91414141	99.5	50
17	30	75.3	98	50
18	99	74.83838384	99	50
19	98	76.42346939	99	50
2	98	75.04639175	99	51
20	98	73.01020408	99.5	50
21	31	74.45161290	98	55
22	30	70.6	98	51
23	98	73.5	99	50
24	98	74.10714286	99	50.5
25	98	74.77040816	99	51

图 6-9　运行结果

④关闭查询结果窗口,在弹出的提示保存对话框中选择"是",此时弹出"另存为"对话框,在名称框中输入"每门课程的选课信息",单击"确定"按钮将其保存。

4.创建名为"没有选课的学生"的查询,查询没有选课学生的学号与姓名。

①选择"创建"|"查询"|"查询设计"命令,关闭打开的"显示表"对话框,选择工具栏上的 SQL 视图命令按钮 ,打开 SQL 视图窗口,如图 6-10 所示。

图 6-10　SQL 视图窗口

②在 SQL 视图窗口中输入如图 6-11 所示的 SQL 语句。

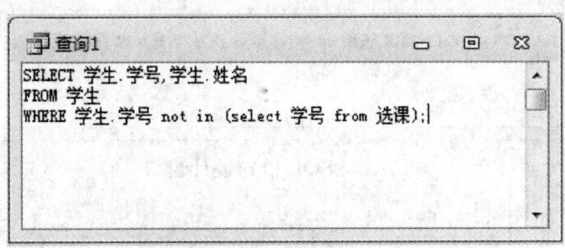

图 6-11　SQL 语句设计窗口

③运行查询,得到如图 6-12 所示的运行结果。

图 6-12　运行结果

④关闭查询结果窗口,在弹出的提示保存对话框中选择"是",此时弹出"另存为"对话框,在名称框中输入"没有选课的学生",单击"确定"按钮将其保存。

5.创建名为"选修了'材料力学'的学生"的查询,查询选修了课程全名为"材料力学"的学生的学号与姓名。

①选择"创建"|"查询"|"查询设计"命令,关闭打开的显示表对话框,选择工具栏上的 SQL 视图命令按钮 ,打开 SQL 视图窗口,如图 6-13 所示。

图 6-13　SQL 视图窗口

②在 SQL 视图窗口中输入如图 6-14 所示的 SQL 语句。

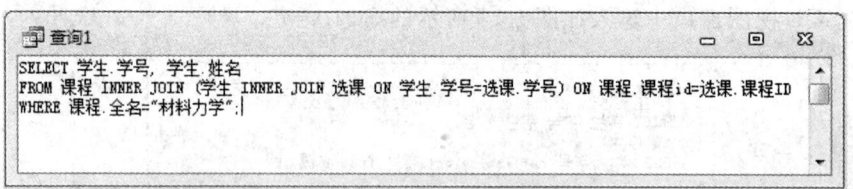

图 6-14　SQL 语句设计窗口

③运行查询,得到如图 6-15 所示的运行结果。

图 6-15　运行结果

④关闭查询结果窗口,在弹出的提示保存对话框中选择"是",此时弹出"另存为"对话框,在名称框中输入"选修了'材料力学'的学生",单击"确定"按钮将其保存。

【实验情况及其分析】

简述主要操作过程
主要问题
简要分析或个人体会
教师评语及实验成绩

实验 7 窗体设计

【实验目的】

1. 了解窗体的概念,了解各种控件的用途。
2. 掌握窗体设计的方法。
3. 掌握窗体的常用属性设置,根据具体要求设计窗体,并使用窗体完成相关操作。

【实验内容】

实验 7-1

打开"学生选课信息.accdb"数据库,使用窗体向导建立纵栏式窗体"学生信息",如图 7-1 所示。显示学生"学号"、"姓名"、"性别"、"生日"、"年级"、"专业"、"班级"字段的信息。

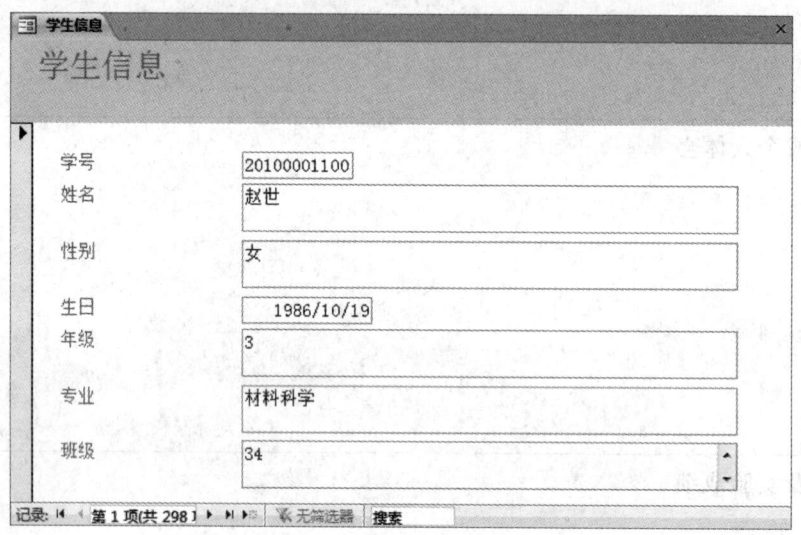

图 7-1 "学生信息"窗体

【实验步骤提示】

① 在左侧的导航窗格中选择窗体的数据源"学生"表。

② 单击"创建"|"窗体"|"窗体向导"命令,弹出"窗体向导"的第 1 个对话框,如图 7-2 所示。

实验 7　窗体设计

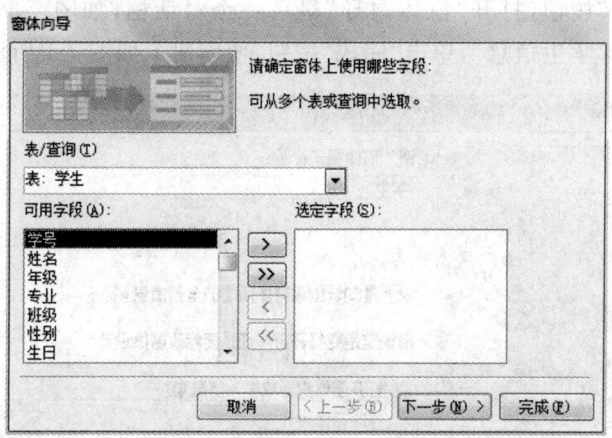

图 7-2　"窗体向导"对话框 1

③将"学号"、"姓名"、"性别"、"生日"、"年级"、"专业"、"班级"依次从"可用字段"添加到"选定字段"列表中，设置结果如图 7-3 所示。

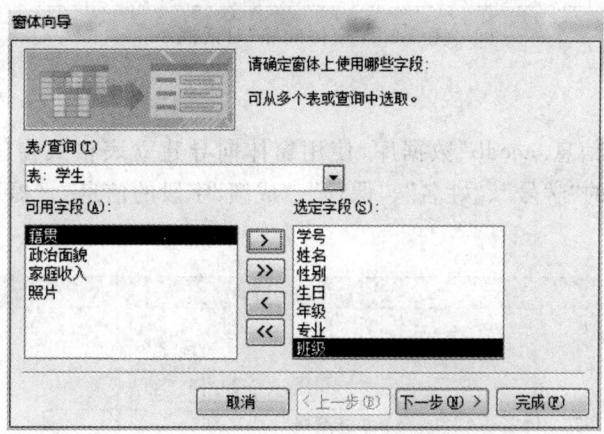

图 7-3　选定字段的设置

④单击"下一步"按钮，打开"窗体向导"的第 2 个对话框，如图 7-4 所示。

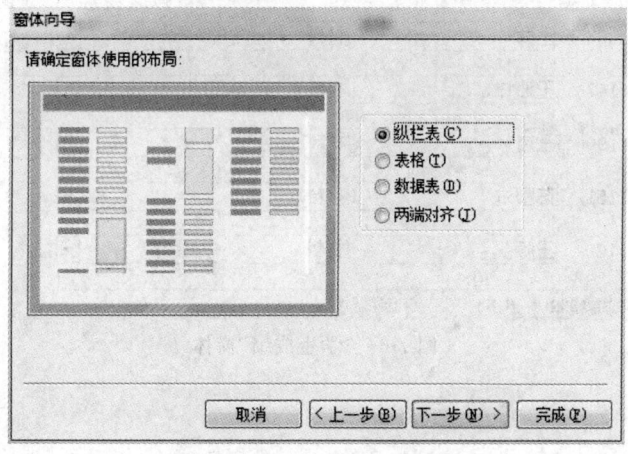

图 7-4　"窗体向导"对话框 2

⑤单击"下一步"按钮,打开"窗体向导"最后一个对话框,如图7-5所示。在该对话框中,指定窗体标题为"学生信息",单击"完成"按钮,便创建了如图7-1所示的纵栏式窗体。

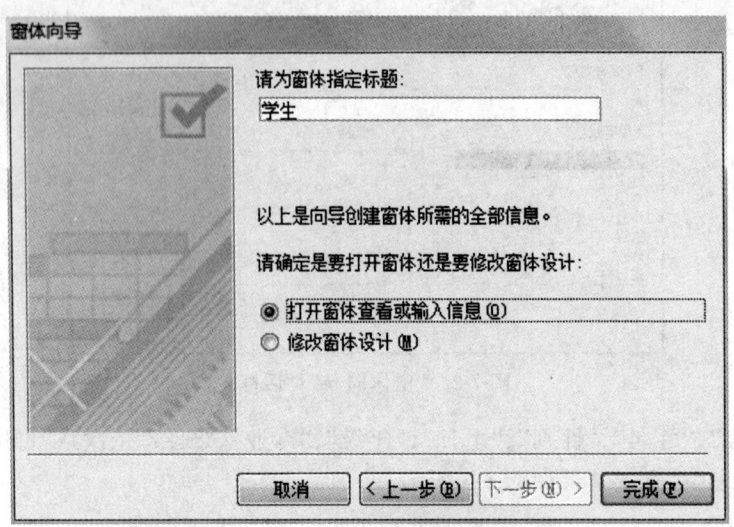

图 7-5 "窗体向导"对话框 3

实验 7-2

打开"学生选课信息.accdb"数据库,使用窗体向导建立表格式窗体"学生成绩",如图7-6所示。显示学生的"学号"、"姓名"、"课程"、"成绩"字段的信息。(提示:将主体中的课程文本框换为组合框)

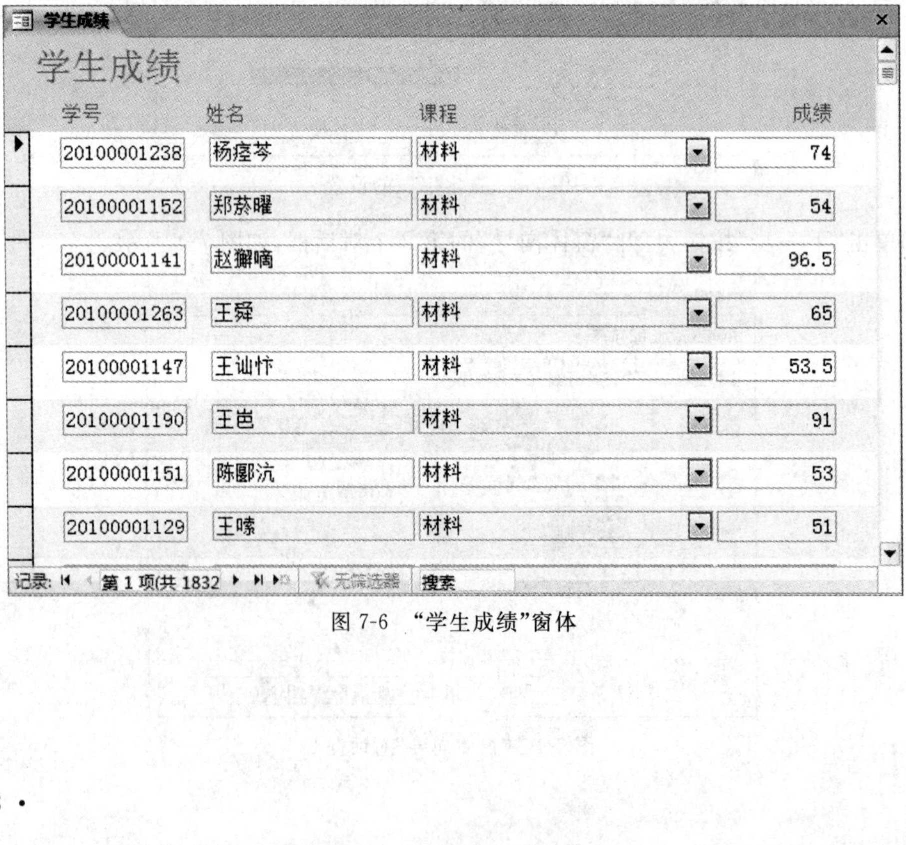

图 7-6 "学生成绩"窗体

实验 7 窗体设计

【实验步骤提示】

①在左侧的导航窗格中选择窗体的第 1 个数据源"学生"表。

②单击"创建"|"窗体"|"窗体向导"命令,弹出"窗体向导"第 1 个对话框,将"学生"表中的"学号"、"姓名"依次从"可用字段"添加到"选定字段"列表中;然后在"表/查询"的下拉列表中选择"课程"表,将"课程"字段添加到"选定字段"列表中;最后在"表/查询"的下拉列表中选择"选课"表,将"选课"表中的"成绩"字段添加到"选定字段"列表中。设置结果如图7-7所示。

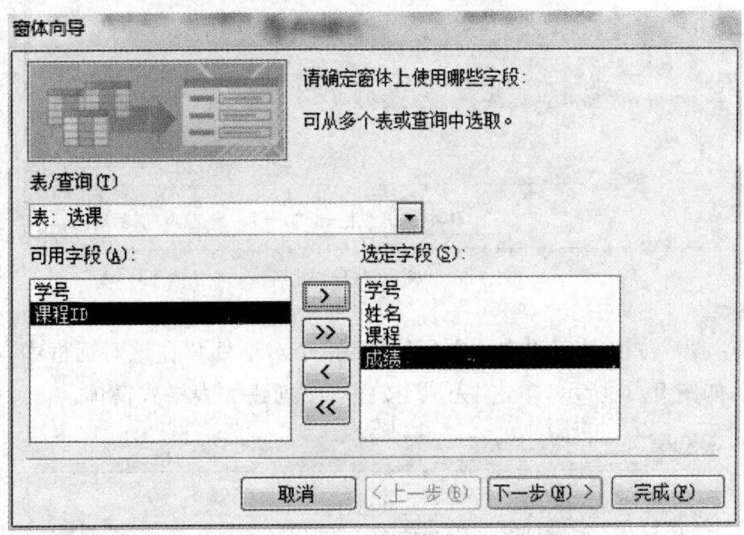

图 7-7 "窗体向导"对话框 1

③单击"下一步"按钮,在弹出的"窗体向导"第 2 个对话框中选择"通过 选课"方式查看数据,设置结果如图 7-8 所示。

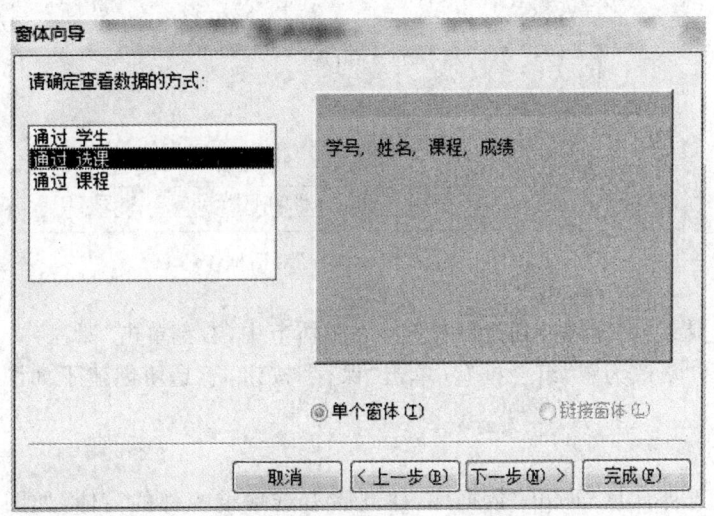

图 7-8 "窗体向导"对话框 2

④单击"下一步"按钮,在弹出的"窗体向导"第 3 个对话框中选择"表格",如图 7-9 所示。

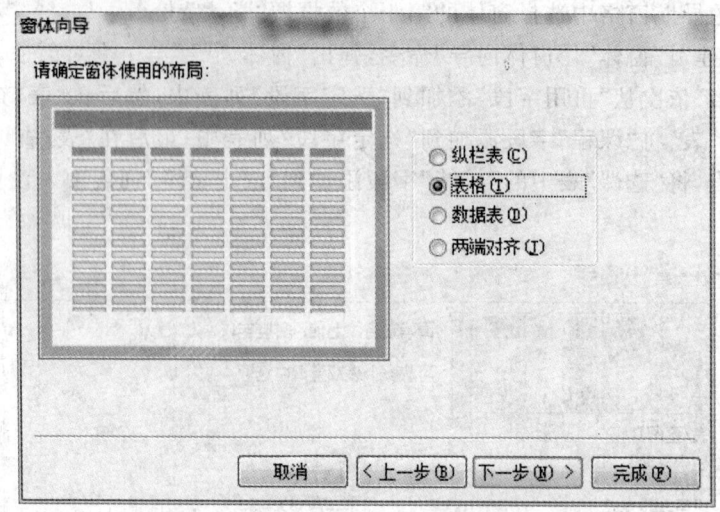

图 7-9 "窗体向导"对话框 3

⑤单击"下一步"按钮,打开"窗体向导"最后一个对话框。在该对话框中,指定窗体标题为"学生成绩",如图 7-10 所示,单击"完成"按钮,便创建了表格式窗体。

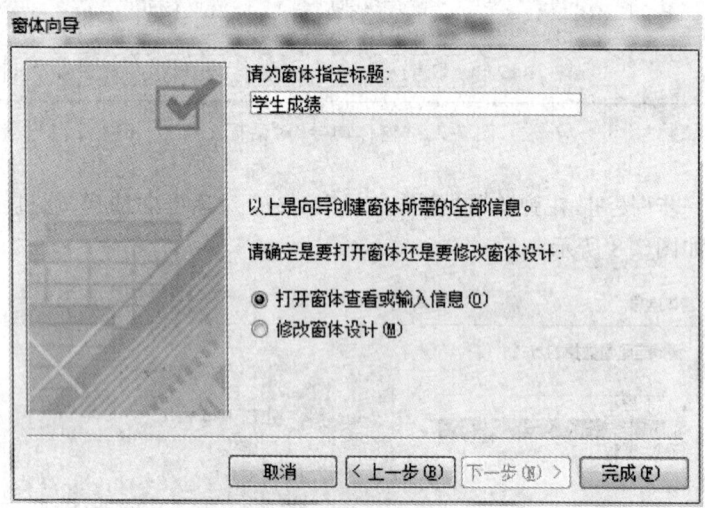

图 7-10 "窗体向导"对话框 4

⑥将"学生成绩"窗体切换到设计视图,在主体节中,右键单击"课程"文本框,在弹出的快捷菜单中选择"更改为"|"组合框"。单击"保存"按钮,于是便创建了如图 7- 6 所示的表格式窗体。

实验 7-3

打开"学生选课信息.accdb"数据库,建立带有选项卡控件的窗体,如图 7-11 所示。分别显示"学生"、"教师"、"课程信息"。

实验 7 窗体设计

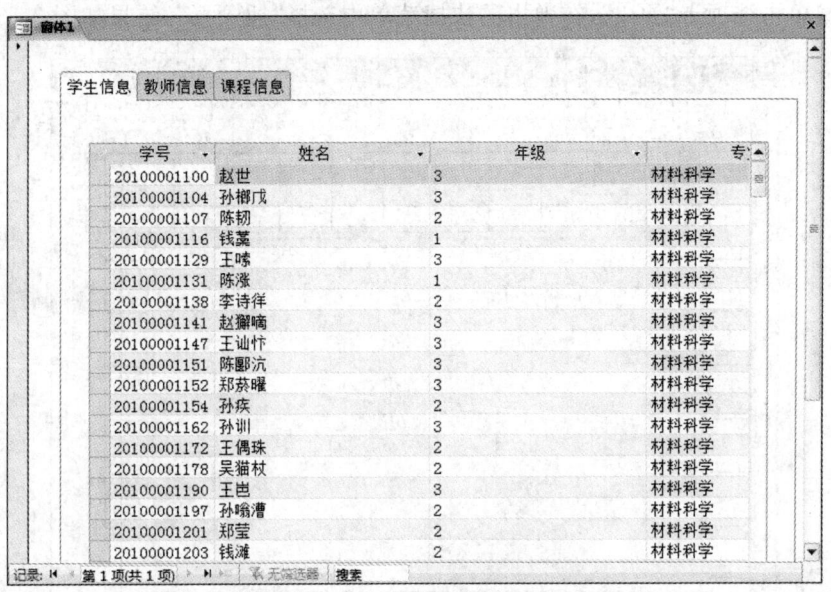

图 7-11 带有选项卡控件的窗体

【实验步骤提示】

①使用"创建"|"窗体"|"窗体向导"命令,创建三个数据表式窗体,名称分别为"学生"、"教师"、"课程"。

②单击"创建"|"窗体"|"窗体设计"命令,打开一个空白窗体。

③单击"窗体设计工具"|"设计"|"控件"组中"选项卡控件" ,在窗体主体节中的适当位置单击或按左键拖动,添加效果如图 7-12 所示,可以调整选项卡控件的大小。

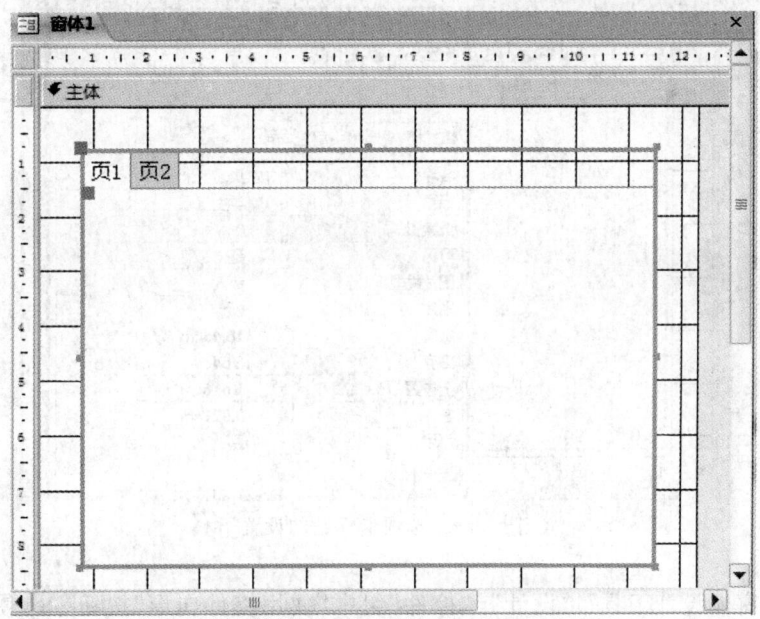

图 7-12 添加选项卡的窗体设置 1

④右键单击选项卡"页 2",在弹出的快捷菜单中选择"插入页",结果如图 7-13 所示。

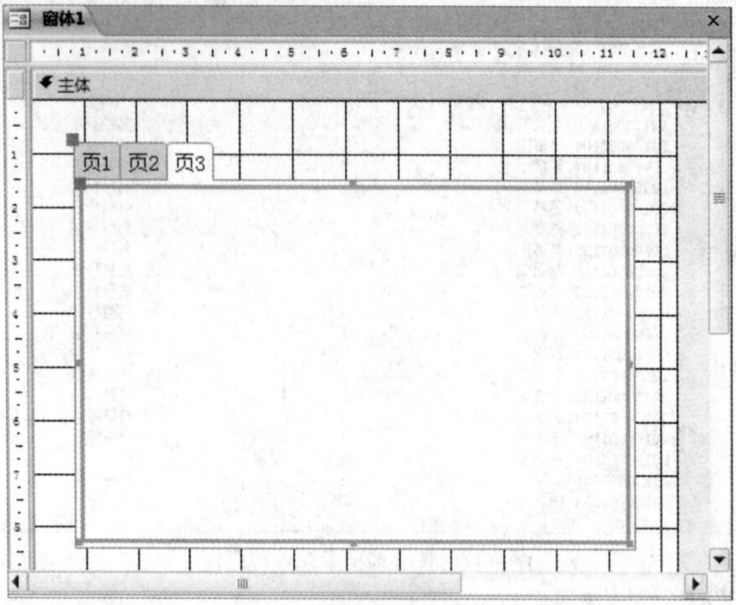

图 7-13　添加选项卡的窗体设置 2

⑤右键单击选项卡"页 1",在弹出的快捷菜单中选择"属性",打开"页 1"的属性表,在"标题"中输入"学生信息",如图 7-14 所示。采用同样的方法分别设置"页 2"、"页 3"的标题"教师信息"和"课程信息"。

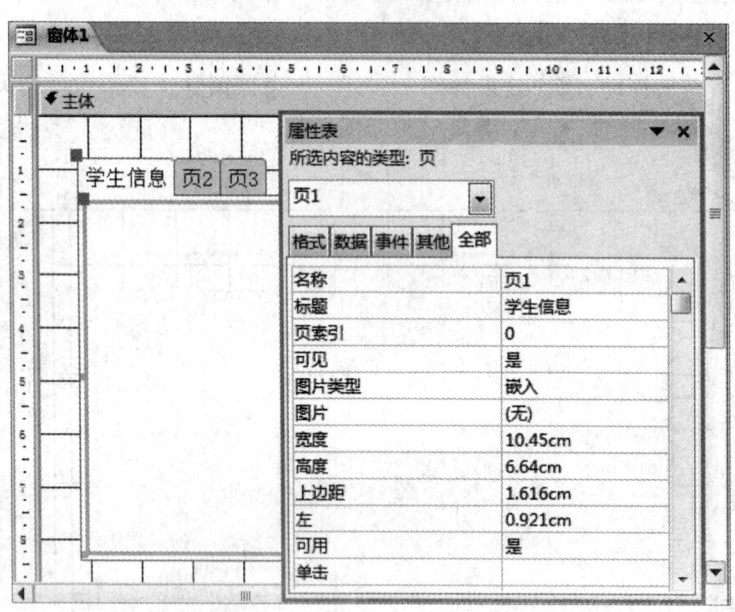

图 7-14　选项卡标题的设置

⑥单击"窗体设计工具"|"设计"|"控件"组中"使用控件向导"按钮，使其处于加亮

状态 ![icon],再单击"子窗体/子报表"控件,在"学生信息"页中的适当位置按左键拖动,释放鼠标,弹出"子窗体向导"的第 1 个对话框。在该对话框中,单击"使用现有的窗体"前的单选按钮,选择"学生"窗体,设置结果如图 7-15 所示。

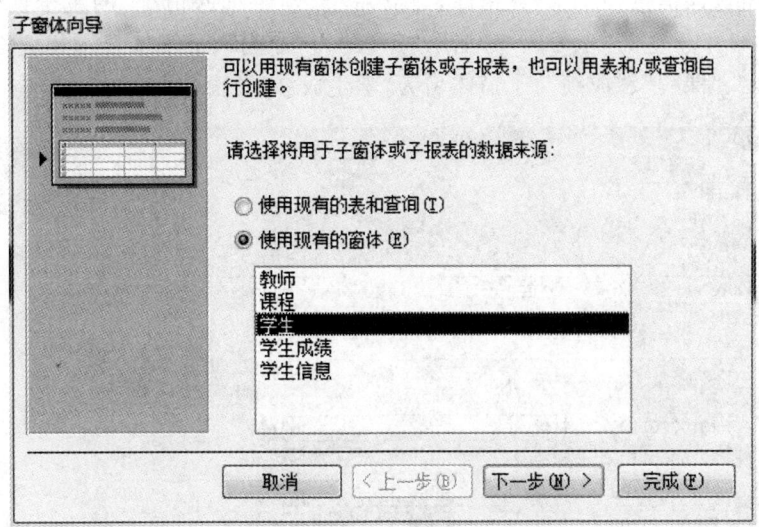

图 7-15 "子窗体向导"对话框 1

⑦单击"下一步",在弹出的"子窗体向导"第 2 个对话框中单击"完成"按钮,设置结果如图 7-16 所示。

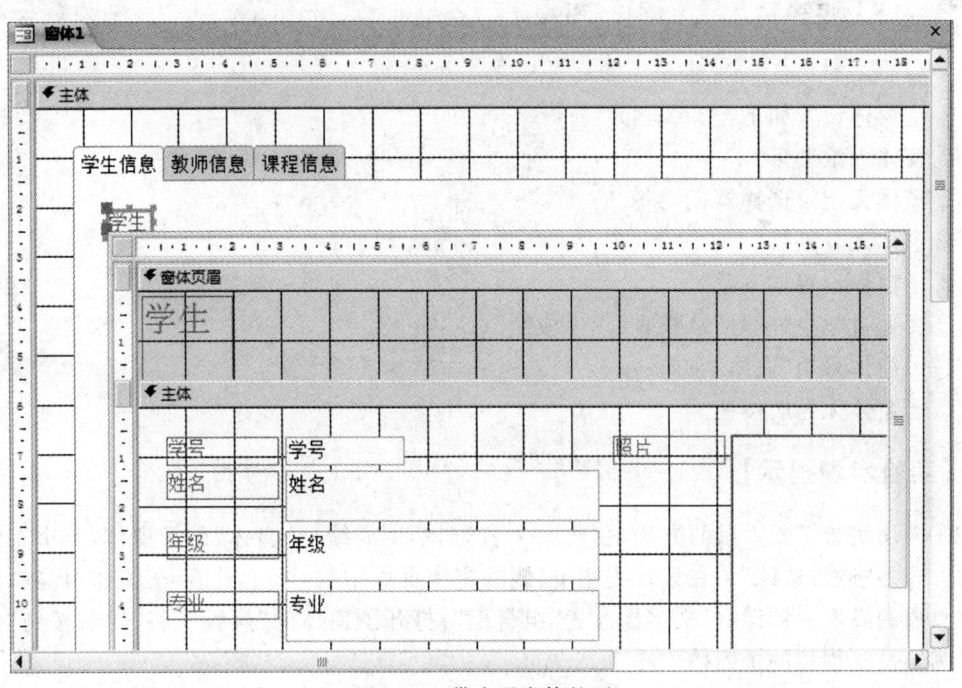

图 7-16 带有子窗体的页

⑧删除图 7-16 中子窗体左上方的"学生"标签。

⑨ 采用同样的方法，分别将"教师"和"课程"窗体作为子窗体添加到"教师信息"和"学生信息"页上，删除自动生成的标签。保存后，便创建了如图7-11所示的窗体。

实验 7-4

打开"学生选课信息.accdb"数据库，建立一个"学生选课情况"的主子窗体，如图7-17所示。主窗体显示学生的"学号"、"姓名"、"年级"和"专业"，子窗体显示相应学生的选课情况，包括"学号"、"课程"、"成绩"，子窗体名为"学生成绩_子窗体"。

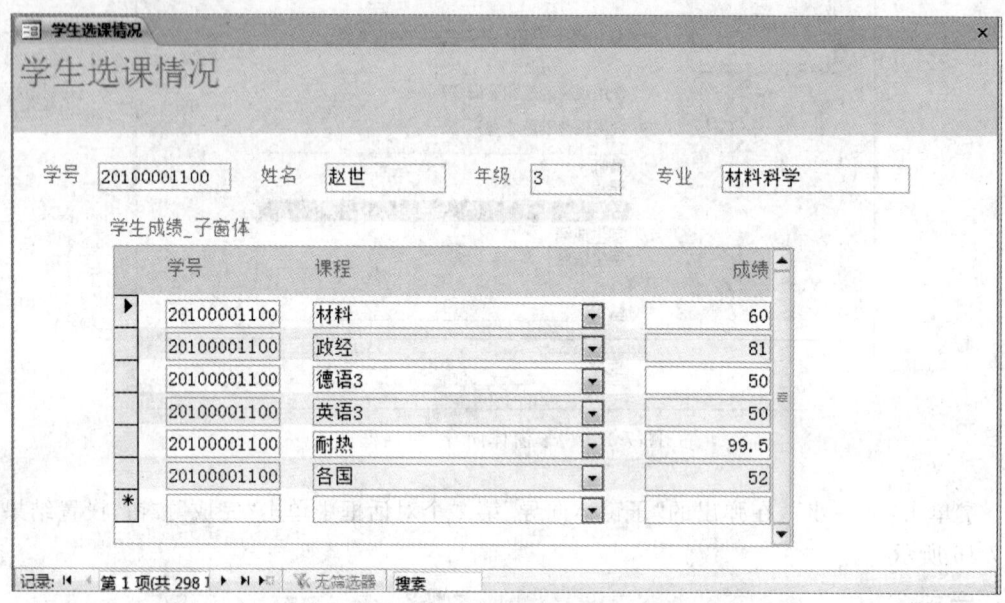

图 7-17 "学生选课情况"窗体

1. 主窗体设置如下：
①窗体无滚动条；
②窗体无记录选择器；
③窗体无分隔线。
2. 子窗体设置如下：
①要通过学生"学号"来查看"学生成绩"；
②子窗体采用"表格"布局；
③子窗体无导航按钮。

【实验步骤提示】

①采用实验7-2所示的方法，创建一个名为"学生成绩_子窗体"的子窗体，其中查看数据的方式是"通过选课"。在设计视图下，删除窗体页眉中的"学生成绩_子窗体"标签，调整窗体页眉的高度；将"课程"文本框改为"组合框"；打开子窗体的"属性"，将"导航按钮"的值设置为"否"。创建的子窗体如图7-18所示。

实验7 窗体设计

学生成绩_子窗体		
学号	课程	成绩
20100001100	材料	60
20100001104	材料	78
20100001129	材料	51
20100001141	材料	96.5
20100001147	材料	53.5
20100001151	材料	53
20100001152	材料	54
20100001162	材料	68
20100001190	材料	91
20100001238	材料	74
20100001263	材料	65
20100001310	材料	61
20100001620	材料	62
20100001640	材料	84
20100001138	美术	78

图 7-18 学生成绩_子窗体

②使用"窗体向导"创建一个名为"学生选课情况"的纵栏式主窗体,显示"学生"表中的学号、姓名、年级和专业字段。

③将主窗体切换到设计视图,然后将主体节中的控件都调整到一排(先调整各个控件的大小,然后用鼠标将控件拖到同一排,选中主体节中的所有控件,单击"窗体设计工具"|"排列"|"调整大小和排序"|"对齐"下拉列表中的"靠上"命令),调整后的主窗体如图 7-19 所示。设置窗体的属性:打开窗体的"属性表",将"滚动条"属性值设为"两者均无";"记录选择器"属性值设为"否";"分隔线"属性值设为"否"。

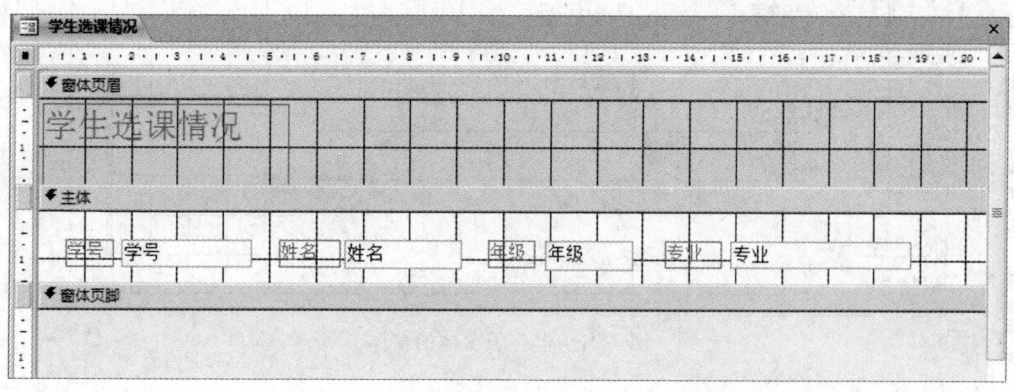

图 7-19 调整后的"学生选课情况"主窗体

④单击"窗体设计工具"|"设计"|"控件"组中的"使用控件向导"按钮,使其处于加亮状态,然后再单击"子窗体/子报表"控件,在窗体主体节的适当位置按左键拖动,当大小合适后释放鼠标,弹出"子窗体向导"的第 1 个对话框,在该对话框中选择"使用现有的窗

体"中的"学生成绩_子窗体",单击"下一步"按钮;弹出第 2 个对话框,设置结果如图 7-20 所示。

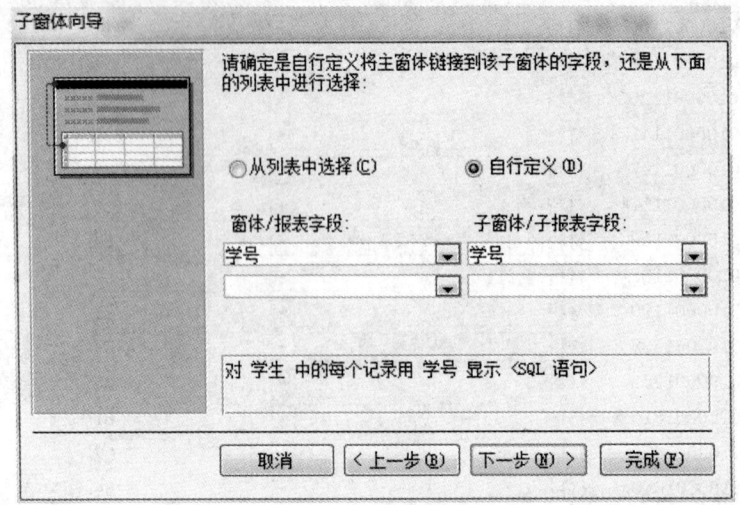

图 7-20 "子窗体向导"2 的设置

⑤单击图 7-20 中的"下一步"按钮,在弹出的"子窗体向导"第 3 个对话框中单击"完成"按钮,便添加了子窗体。添加子窗体后的效果如图 7-21 所示。

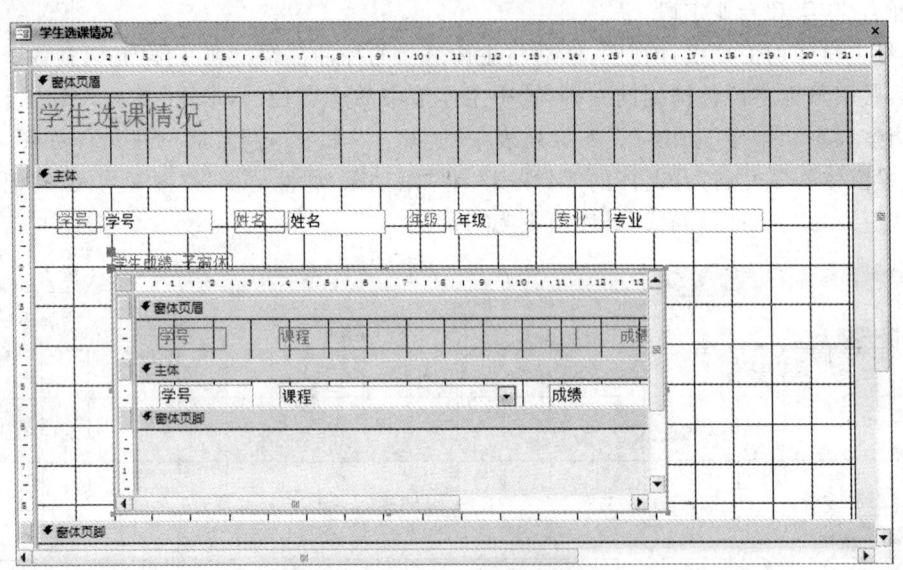

图 7-21 带有子窗体的窗体

⑥单击"保存"按钮,切换到"窗体视图",便创建了如图 7-17 所示的主子窗体。

实验 7-5

修改实验 7-4 中的窗体,在"学生选课情况"的子窗体右下角添加标签和文本框两个控件,标签的标题为"平均成绩:",文本框显示主窗体所示的学生的平均选课成绩,修改后的窗体另存为"学生选课_平均成绩"。结果如图 7-22 所示。

实验7 窗体设计

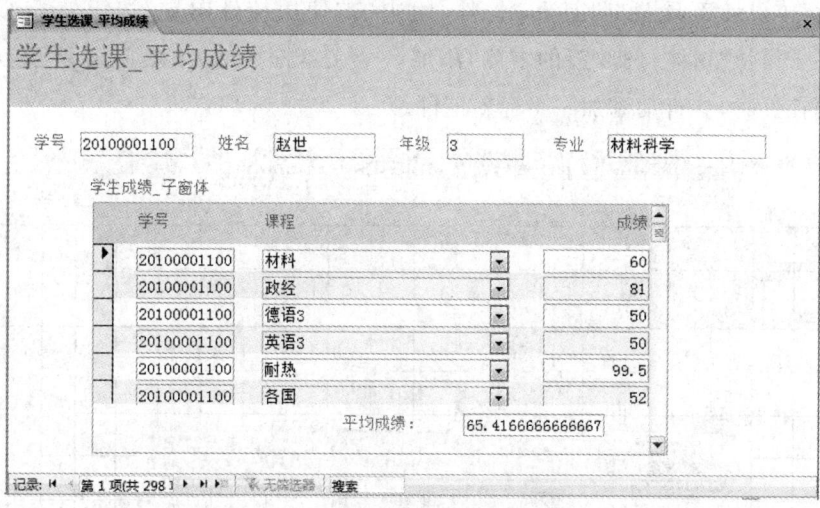

图 7-22 "学生选课_平均成绩"窗体

【实验步骤提示】

① 在左侧的导航窗格中右键单击"学生选课情况"窗体，在弹出的快捷菜单中选择"复制"，然后右键单击导航窗格中窗体下方的空白处，在弹出的快捷菜单中选择"粘贴"，弹出"粘贴为"对话框，在该对话框中输入"学生选课_平均成绩"，然后单击"确定"按钮。

② 以设计视图形式打开"学生选课_平均成绩"窗体，将鼠标放到子窗体的"窗体页脚"下，当鼠标变成双向箭头时，按左键向下拖动到合适高度时松开鼠标，使窗体页脚可见。如图 7-23 所示。

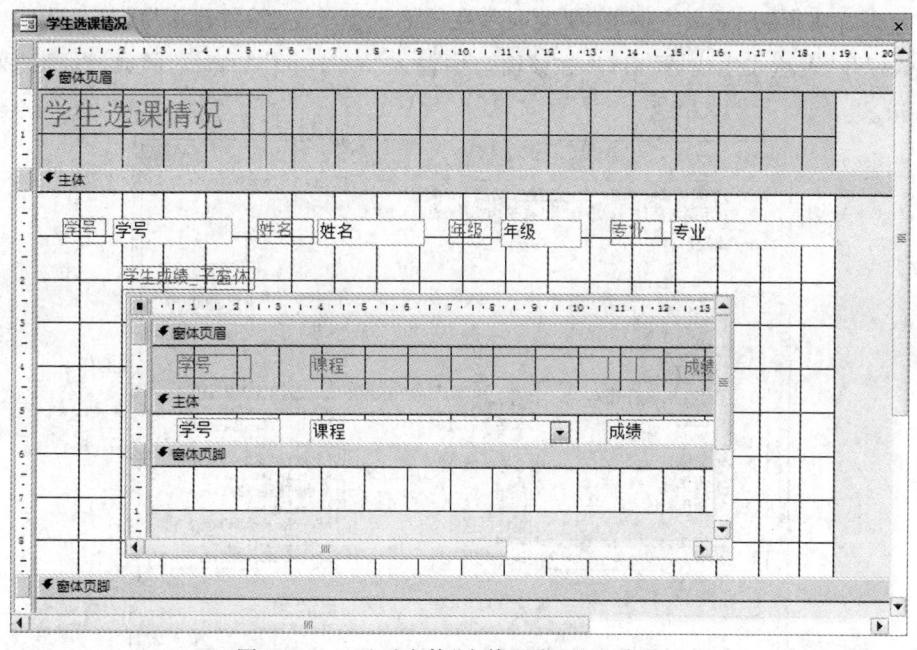

图 7-23 显示子窗体"窗体页脚"的设计界面

③使"窗体设计工具"|"设计"|"控件"组中的"使用控件向导"按钮处于未加亮状态，然后在子窗体"窗体页脚"节的右侧，添加一个文本框控件，如图7-24所示。(说明：在添加文本框控件时，会自动添加一个标签控件。)

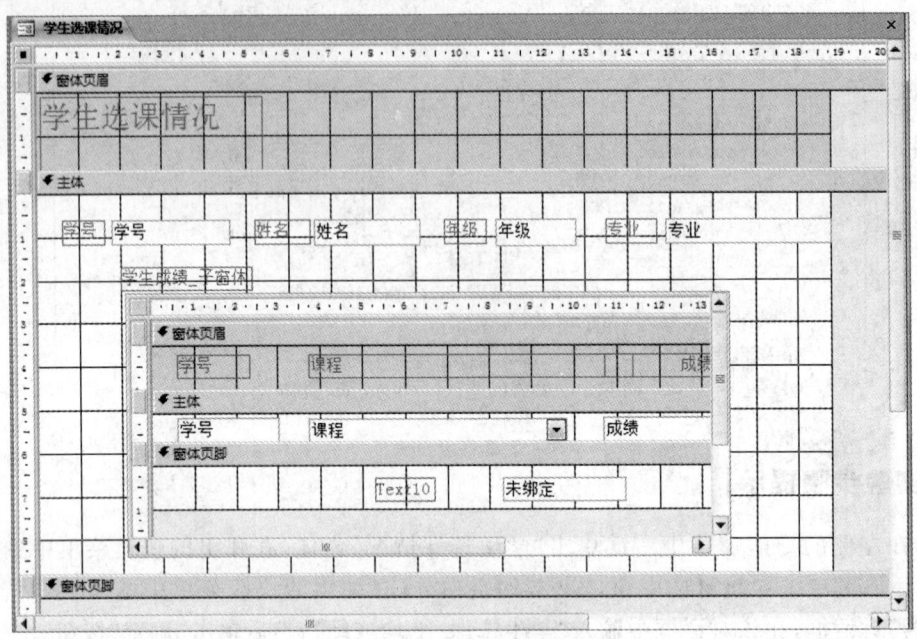

图7-24 添加文本框的窗体

④选中新添加的标签后单击该标签，将其内容修改为"平均成绩："，也可以打开该标签的属性表，将"标题"的属性值修改为"平均成绩："。

⑤双击文本框，打开文本框的"属性表"，在属性表中单击"控件来源"后的表达式生成器按钮，打开"表达式生成器"窗口，在该窗口中输入"=Avg([成绩])"函数，设置结果如图7-25所示。

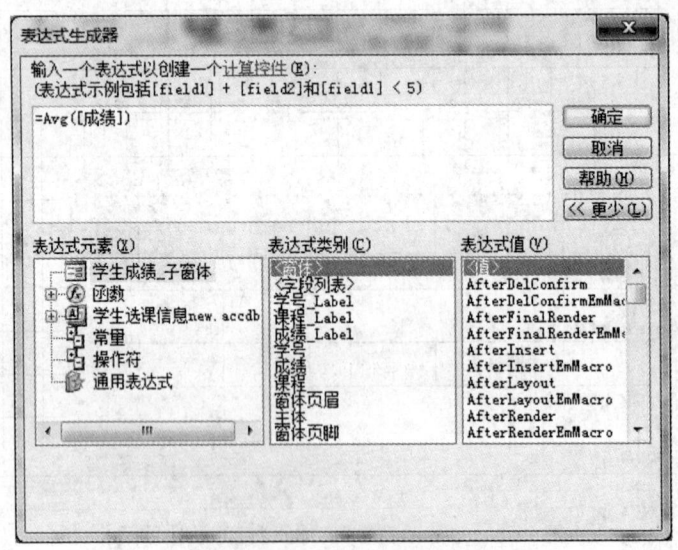

图7-25 表达式生成器的设置

⑥单击图 7-25 中的"确定"按钮,结果如图 7-26 所示。

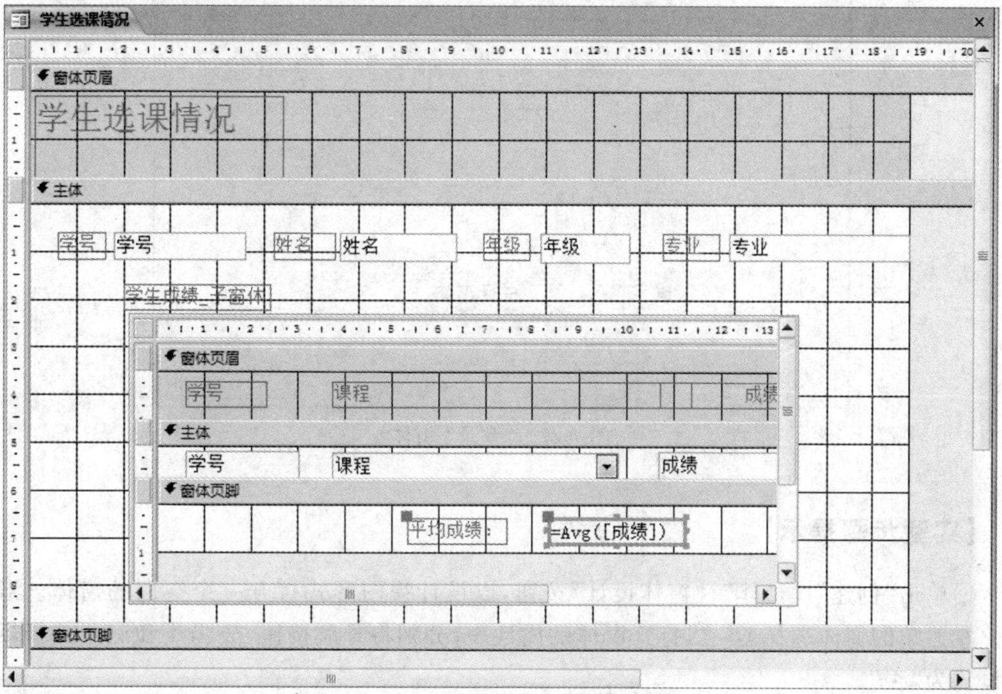

图 7-26 添加了平均成绩的窗体

⑦打开主窗体"窗体页眉"中标签的属性,将该标签的"标题"改为"学生选课_平均成绩"。

⑧保存后,切换到窗体视图,便创建了如图 7-22 所示的窗体。

注意:实验 7-5 的操作会修改实验 7-4 所创建的名为"学生成绩_子窗体"的子窗体,在该子窗体的底部添加一个同样的文本框和标签。

实验 7-6

使用设计视图创建名为"登录"的窗体,界面如图 7-27 所示。要求完成如下操作:

①在密码后的文本框中输入内容时,只显示星号(＊＊＊＊＊＊);

②"用户名"的标签控件名称为:Label1、标题为"用户名",用户名标签后面的文本框的控件名称为:Text1;

③"密码"的标签控件名称为:Label2、标题为"密码",密码标签后面的文本框的控件名称为:Text2;

④"确定"的命令按钮名称为:Command1,并且单击按钮时能打开由实验 7-3 所建立的带有选项卡控件的窗体;

⑤"关闭窗体"的命令按钮名称为:Command2,并且单击按钮时能关闭此窗体("登录"窗体);

⑥"登录"窗体不显示记录导航、分隔线、记录选择器;

⑦将"登录"窗体设置为启动窗体。

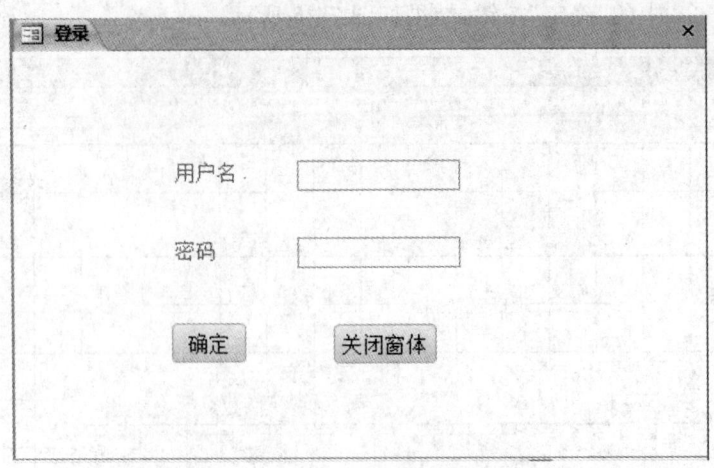

图 7-27 "登录"窗体

【实验步骤提示】

①单击"创建"|"窗体"|"窗体设计"按钮,以设计视图形式打开一个空白的窗体。双击窗体左上角的窗体选择器■,打开窗体的属性表,分别将导航按钮、分隔线和记录选择器的值设置为"否"。

②单击"窗体设计工具"|"设计"|"控件"组中的"文本框"控件("使用控件向导"没有加亮),然后在窗体主体节中的适当位置单击,便在窗体中添加了一个标签和文本框。采用同样的方法再添加一个标签和文本框。

③双击第一个标签,打开其属性表,将"名称"的值设为"Label1",将"标题"改为"用户名";采用同样的方法,将第二个标签的"名称"设为"Label2","标题"改为"密码",将文本框的"名称"分别改为"Text1"和"Text2"。如图 7-28 所示。

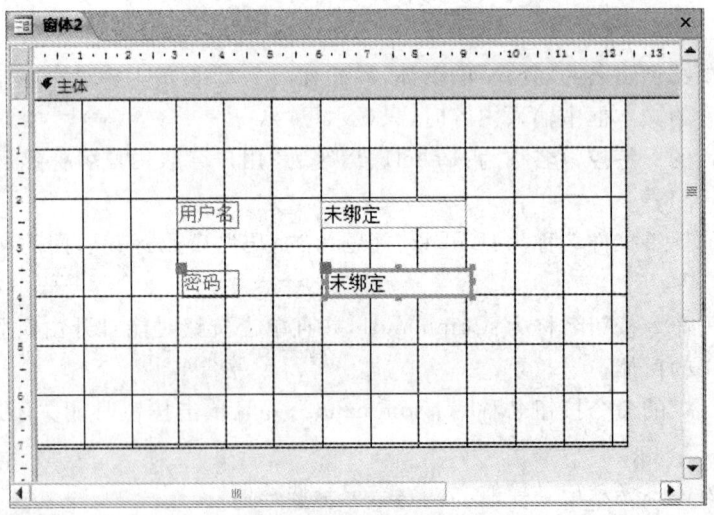

图 7-28 添加了标签和文本框的窗体

④双击"Text2"文本框,弹出"属性表",单击"数据"选项卡"输入掩码"后的生成器按钮[…],弹出"输入掩码向导",如图7-29所示,在该向导中选择"密码"。

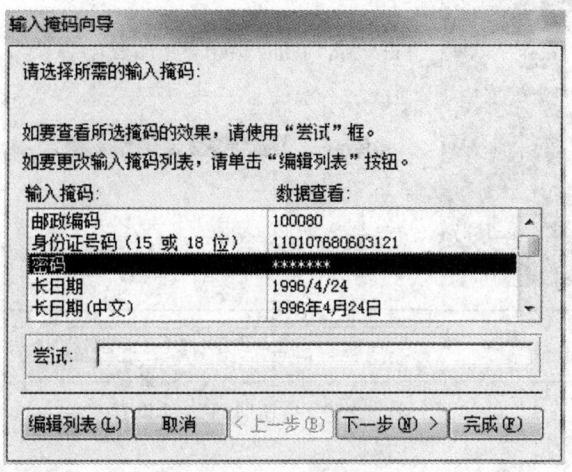

图7-29 输入掩码向导

⑤单击图7-29中的"下一步",在弹出的"输入掩码向导"第2个对话框中单击"完成"按钮。

⑥使"使用控件向导"处于加亮状态[🔨],单击"窗体设计工具"|"设计"|"控件"组中的"按钮",然后在窗体主体节中的适当位置单击左键或按左键拖动后释放鼠标,弹出"命令按钮向导"的第1个对话框,在该对话框的"类别"中选择"窗体操作","操作"中选择"打开窗体",设置结果如图7-30所示。

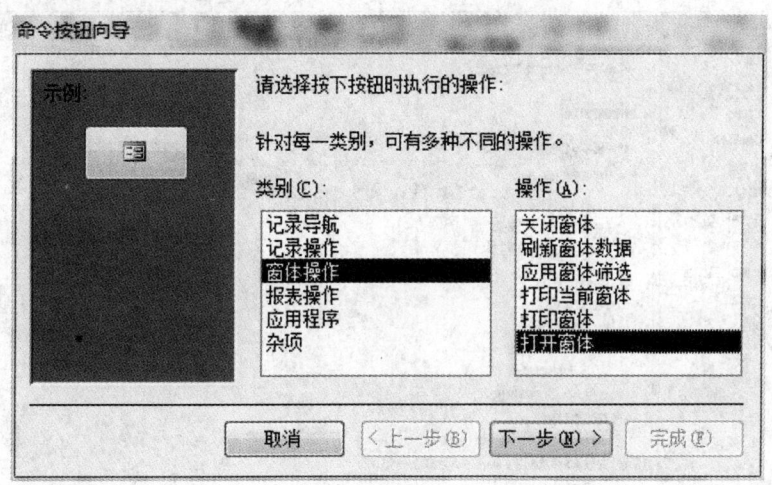

图7-30 "命令按钮向导"1的设置

⑦单击"下一步"按钮,在弹出的"命令按钮向导"第2个对话框中选择"窗体1"窗体;再单击"下一步"按钮,弹出"命令按钮向导"第3个对话框,在该对话框中选择"文本",对应的文本框中输入"确定",如图7-31所示。

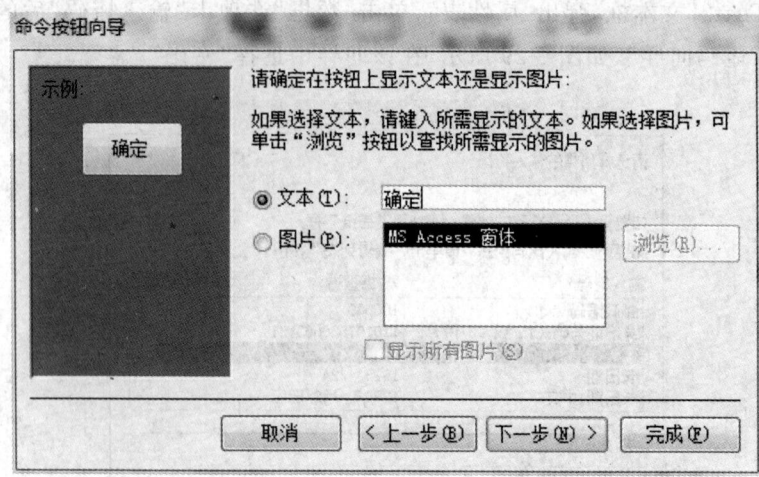

图 7-31 "命令按钮向导"3 的设置

⑧单击"下一步"按钮,在弹出的"命令按钮向导"第 4 个对话框中输入按钮的名称"Command1"。

⑨采用类似的方法添加"关闭窗体"命令按钮;调整各个控件的位置,以名为"登录"保存。

⑩启动窗体的设置:单击"文件"|"选项",弹出"Access 选项"对话框,单击对话框左侧的"当前数据库",在右侧的"显示窗体"对应的下拉列表中选择"登录"窗体,设置结果如图 7-32 所示;再往下拖动"垂直滚动条"到"功能区和工具栏选项",把"允许全部菜单"和"允许默许快捷菜单"前面的勾去除,单击"确定"按钮即可设置成启动窗体。

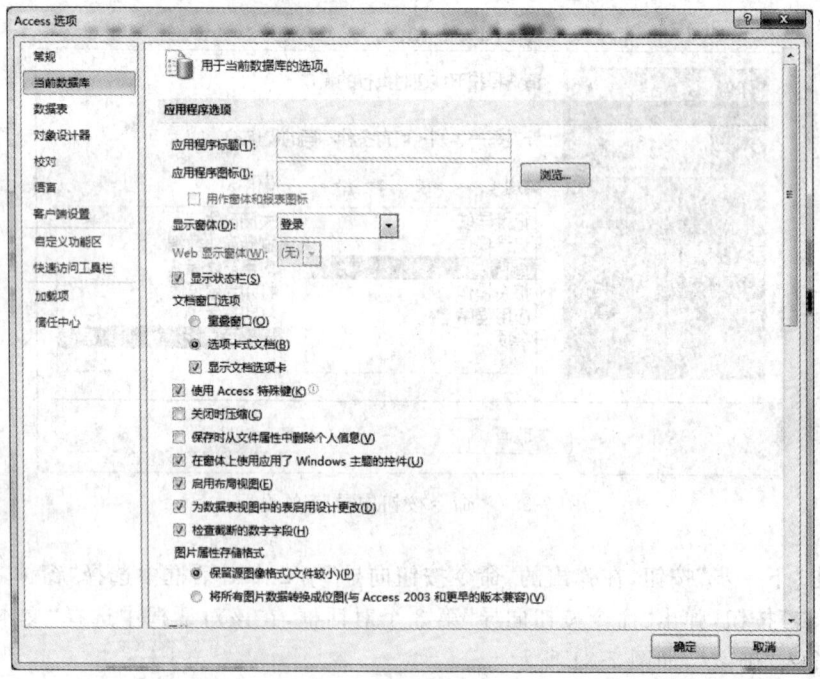

图 7-32 "Access 选项"对话框

说明：

①如果想在打开数据库时，不打开自动启动窗体，则先按住 Shift 键不放，同时双击打开此数据库；

②如果想取消启动窗体的设置，在上述步骤的基础上，单击"文件"|"选项"|"当前数据库"|"应用程序选项"|"显示窗体"|选择"无"，再往下到"功能区和工具栏选项"，把"允许全部菜单"和"允许默许快捷菜单"前的复选框勾选上（把被勾去的选项重新打钩），然后单击"确定"按钮即可。

实验 7-7

1. 打开"学生选课信息.accdb"数据库。

2. 建立一个"教师档案"窗体，如图 7-33 所示。数据源为"教师"表，窗体标题为"教师档案"。

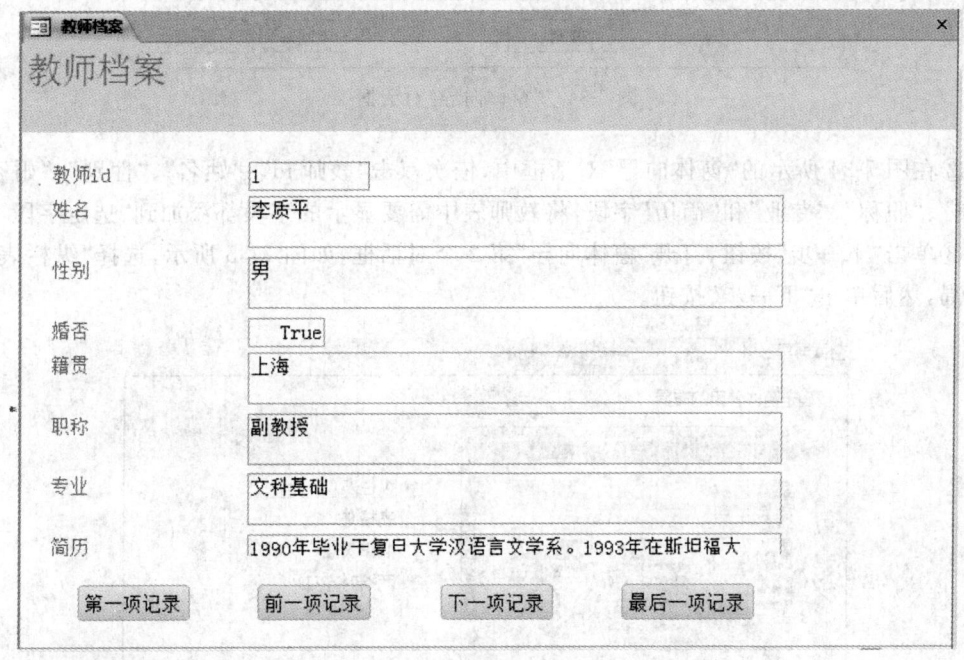

图 7-33 "教师档案"窗体

3. 按照图 7-33 所示添加命令按钮控件，并设置命令按钮控件的功能（单击控件中的"使用控件向导"按钮，使其处于加亮状态，即指定添加控件时启动对应的向导）。

【实验步骤提示】

1. 使用窗体向导创建窗体。

①在左侧的导航窗格中，先选择"教师"表，再单击"创建"|"窗体"|"窗体向导"按钮，打开"窗体向导"第 1 个对话框。如图 7-34 所示。

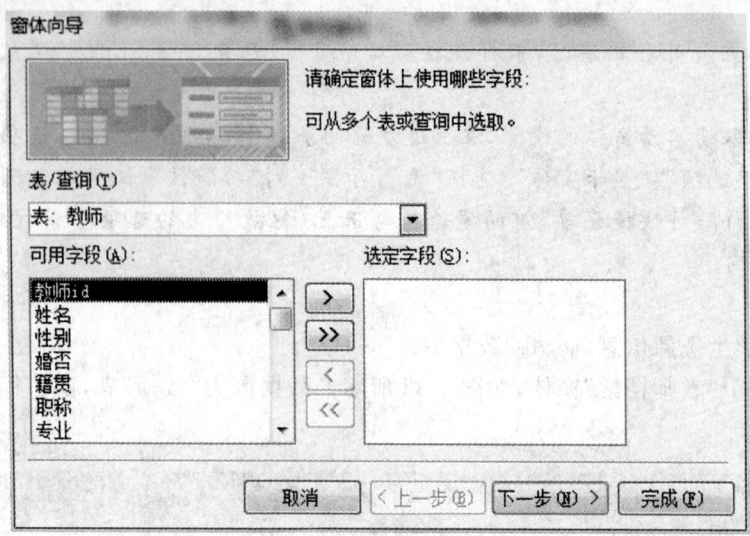

图 7-34 "窗体向导"对话框 1

②在图 7-34 所示的"窗体向导"对话框中,依次双击"教师 id"、"姓名"、"性别"、"婚否"、"籍贯"、"职称"、"专业"和"简历"字段,将教师表中需要显示的字段都添加到"选定字段"。

③单击"下一步"按钮,打开"窗体向导"第 2 个对话框,如图 7-35 所示,选择"纵栏表"窗体布局,然后单击"下一步"按钮。

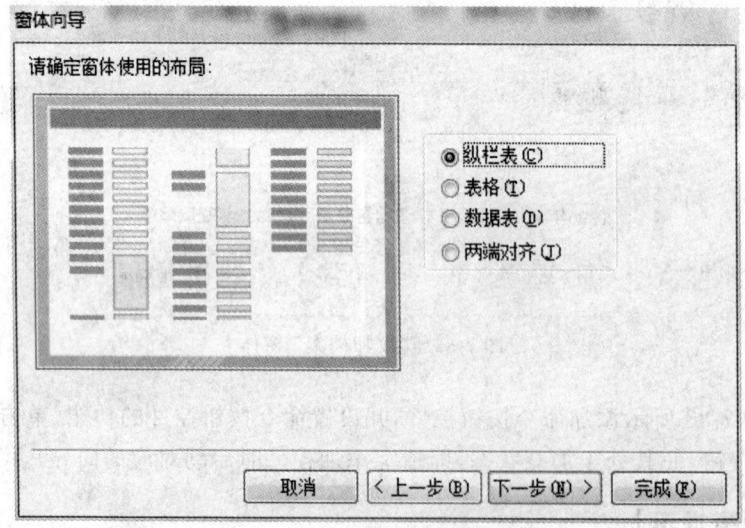

图 7-35 "窗体向导"对话框 2

④在弹出的"窗体向导"第 3 个对话框中指定窗体标题为"教师档案",其他采用默认设置,如图 7-36 所示。

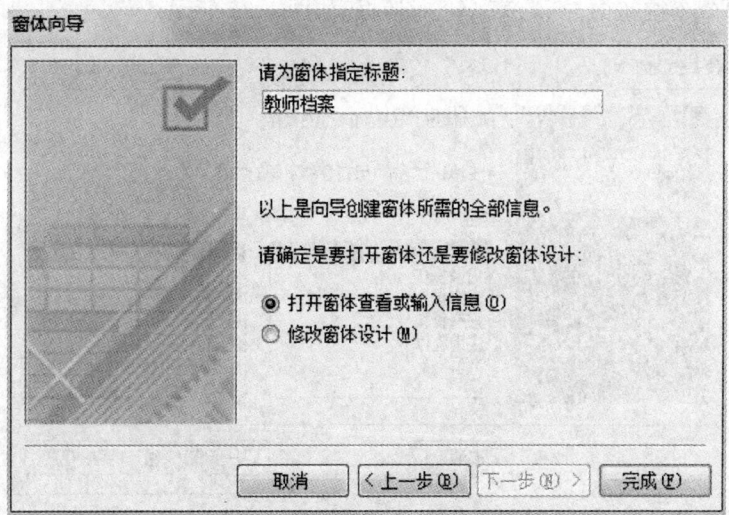

图 7-36 "窗体向导"对话框 3

⑤单击"完成"按钮,结束创建窗体的操作。创建窗体成功后,屏幕显示窗体运行结果如图 7-37 所示。

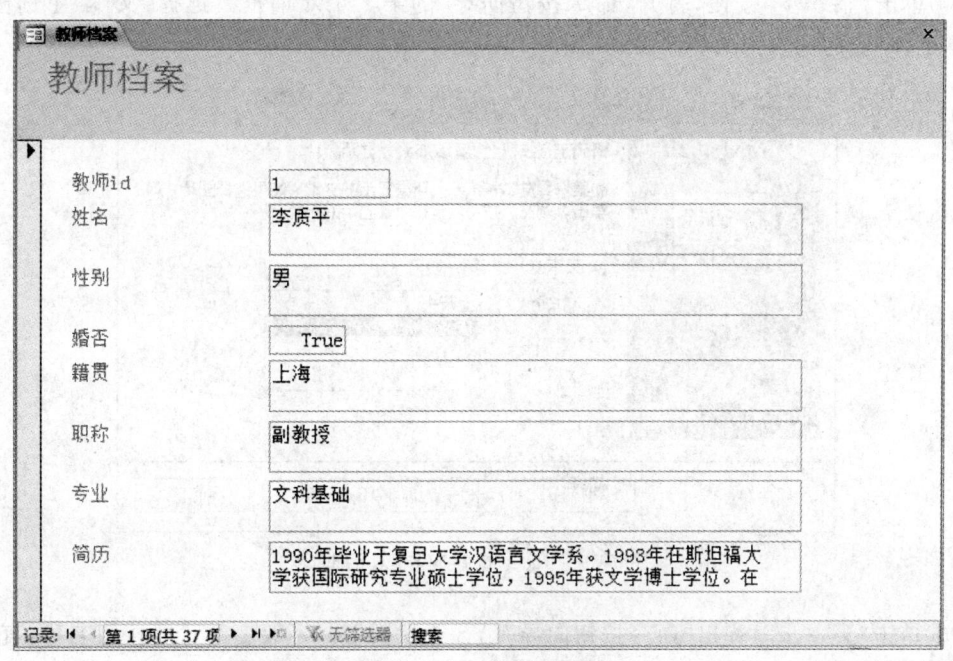

图 7-37 教师档案窗体

2. 使用窗体设计器修改窗体。

①进入窗体设计视图,打开窗体属性表,取消窗体的记录选择器、导航按钮和滚动条。

②单击"控件"组中的"使用控件向导"按钮,使其处于加亮状态。指定添加控件时启动对应的向导。

单击控件中的"按钮",在窗体页脚中的适当位置单击,添加一个默认大小的命令按钮控件。同时打开"命令按钮向导"的第 1 个对话框,如图 7-38 所示。

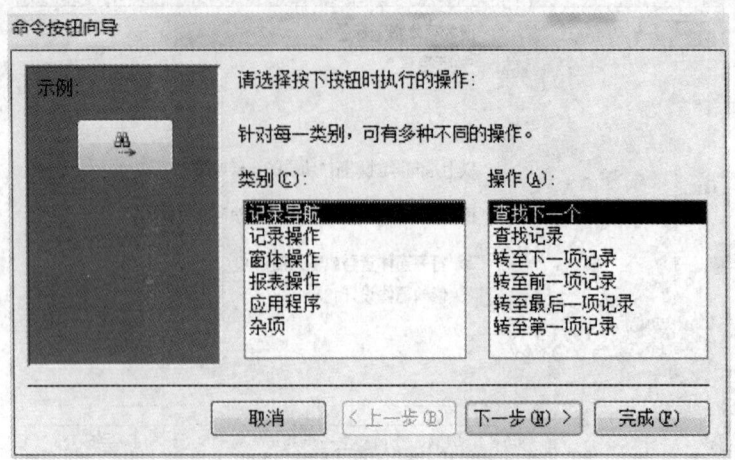

图 7-38 "命令按钮向导"对话框 1

③在"类别"列表框中选择"记录导航",在"操作"列表框中选择"转至第一项记录",即指定选择第一条记录。

④单击"下一步"按钮,打开"命令按钮向导"的第 2 个对话框。选择"文本"单选按钮,"文本"后对应的文本框内容不变,如图 7-39 所示。

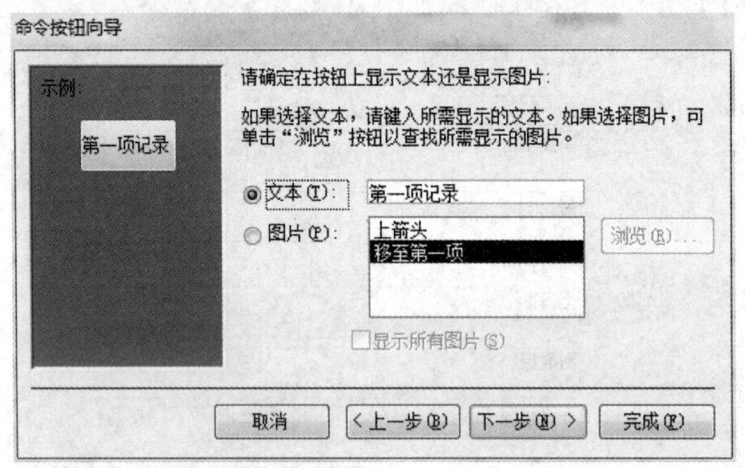

图 7-39 "命令按钮向导"对话框 2

⑤单击"下一步",弹出"命令按钮向导"第 3 个对话框。不改变默认的按钮名称,直接单击"完成"按钮,便创建了第一个命令按钮。使用相同的方法,创建其余 3 个命令按钮。

⑥调整四个按钮,使其对齐。选中四个按钮,然后单击"窗体设计工具"|"排列"|"调整大小和排序"|"对齐"|"靠上"命令。

⑦保存和运行窗体。保存编辑的结果;运行窗体,即可得到如图 7-33 所示的用户界面。单击相应的命令按钮,可以显示对应记录的数据。

实验 7-8

建立图表窗体,如图 7-40 所示。利用图表向导创建名为"学生政治面貌图表"的窗体。

实验 7 窗体设计

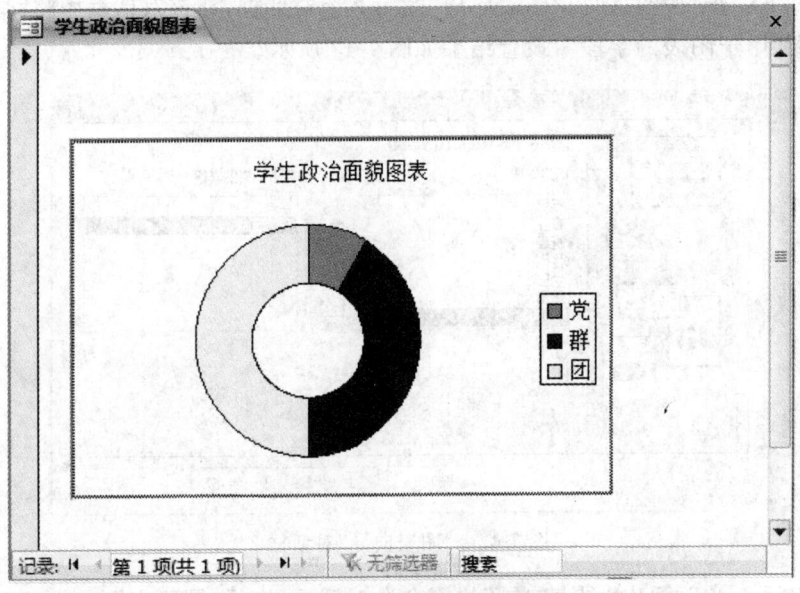

图 7-40 学生政治面貌图表窗体

【实验步骤提示】

①单击"创建"|"窗体"|"窗体设计"命令,以设计视图形式打开一个空白窗体。

②单击"控件"组中的"使用控件向导"按钮,使其处于加亮状态,即指定添加控件时启动对应的向导。

③单击"窗体设计工具"|"设计"|"控件"|"图表"命令,然后在主体节中的适当位置按左键拖动,当大小合适时释放鼠标,弹出"图表向导"的第 1 个对话框,在该对话框中选择"学生"表,设置结果如图 7-41 所示。

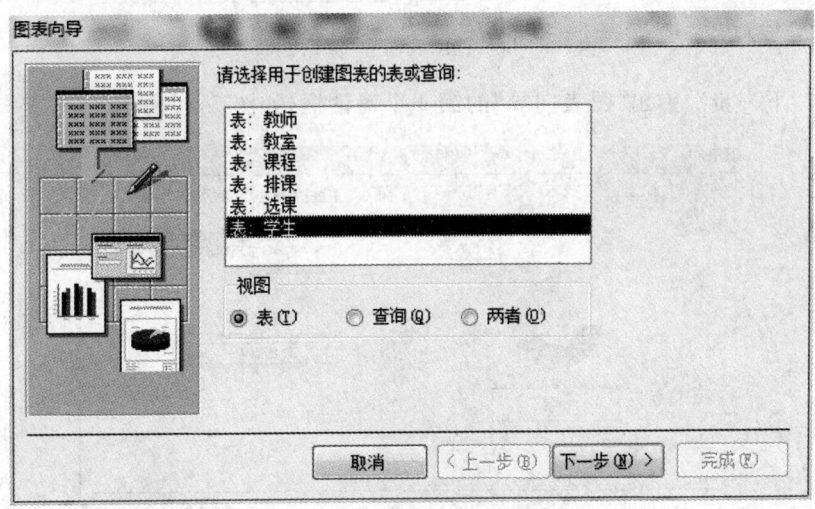

图 7-41 "图表向导"对话框 1

④单击"下一步"按钮,弹出"图表向导"的第 2 个对话框,在该对话框中将"学号"、"政治面貌"添加到"用于图表的字段",设置结果如图 7-42 所示。

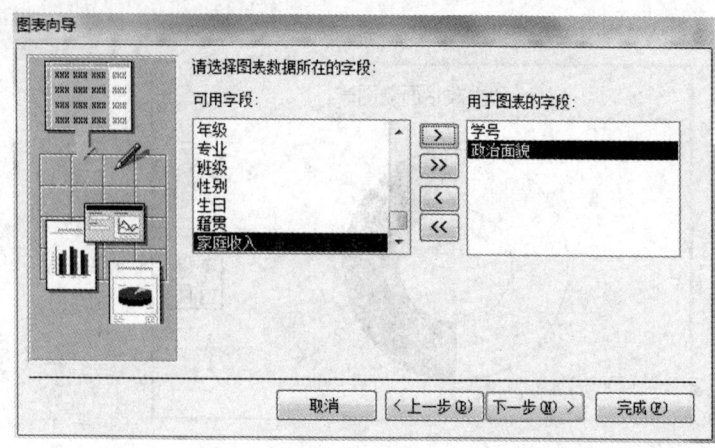

图 7-42 "图表向导"对话框 2

⑤单击"下一步",弹出"图表向导"的第 3 个对话框,选择"圆环图",如图 7-43 所示。

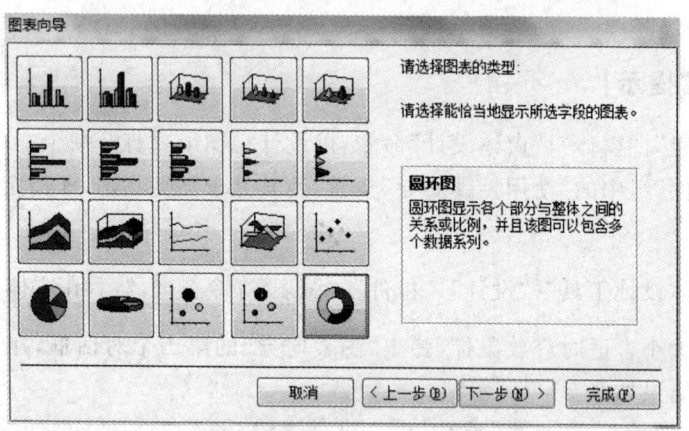

图 7-43 "图表向导"对话框 3

⑥单击"下一步",弹出"图表向导"的第 4 个对话框,如图 7-44 所示。

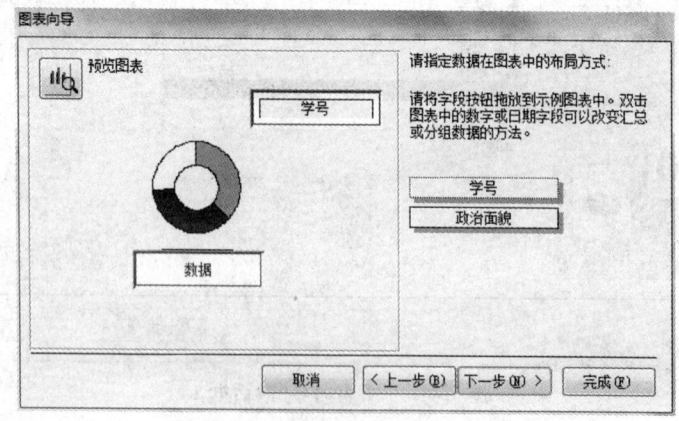

图 7-44 "图表向导"对话框 4

⑦将上面对话框中的"政治面貌"拖到左侧的"学号"处,将右侧的"学号"拖到"数据"处。设置结果如图7-45所示。

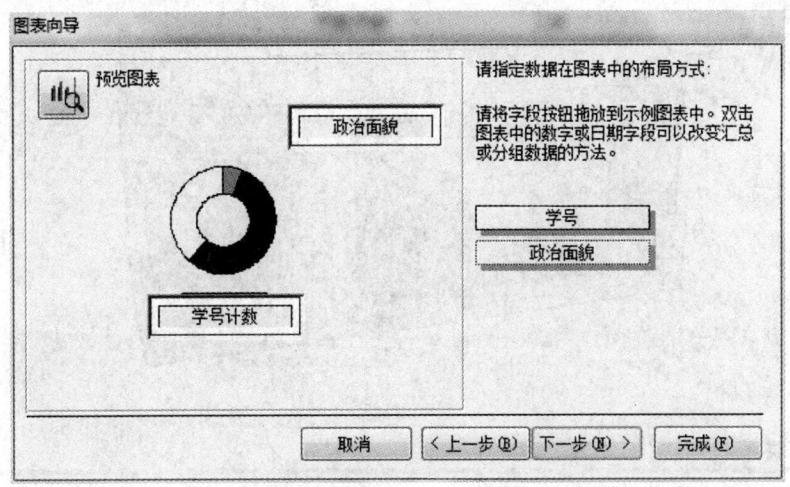

图7-45 "图表向导"对话框4

⑧单击"下一步"按钮,弹出"图表向导"的第5个对话框,将"学生政治面貌图表"设为窗体的标题,如图7-46所示。

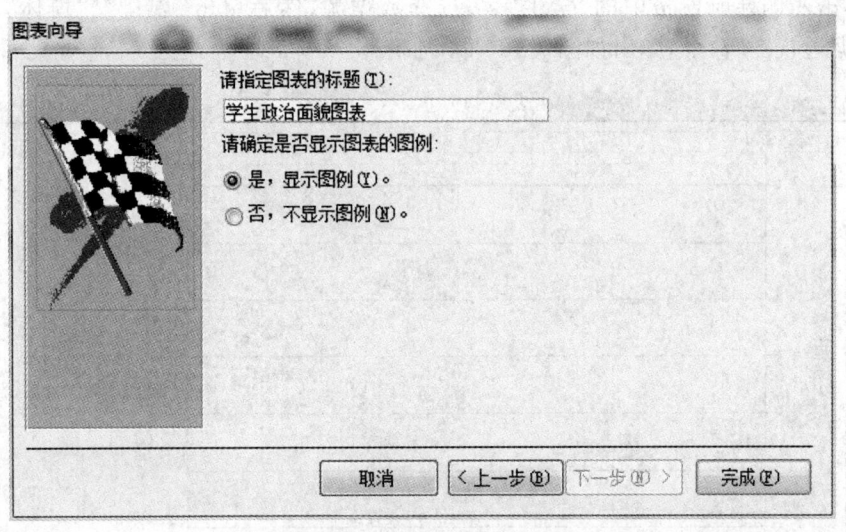

图7-46 "图表向导"对话框5

⑨单击"完成"按钮,切换到窗体视图,便创建了如图7-40所示的窗体。

实验7-9

建立数据透视图窗体,如图7-47所示。利用数据透视图创建名为"学生政治面貌透视图"的窗体(包含学生表中政治面貌、性别、专业,按学号计数)。

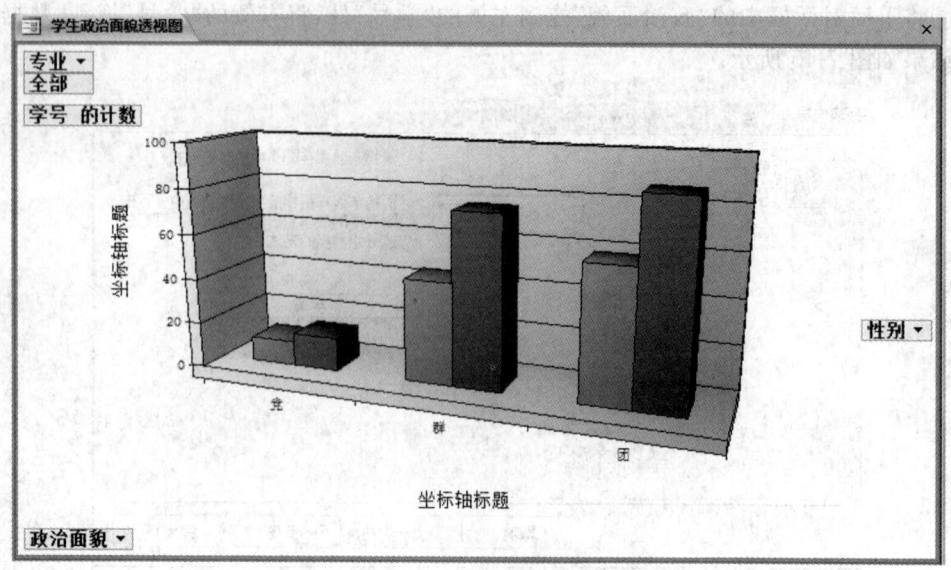

图 7-47 学生政治面貌透视图窗体

【实验步骤提示】

①单击左侧导航窗格中的"学生"表,选择数据源;然后单击"创建"|"窗体"|"其他窗体"|"数据透视图"命令,弹出如图 7-48 所示的窗体。

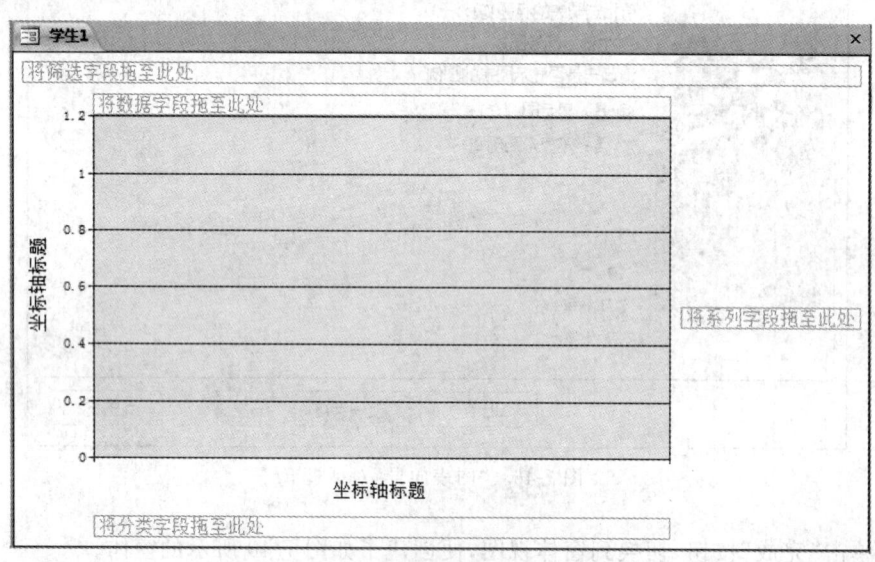

图 7-48 透视图窗体设计界面

②打开"图表字段列表",将"专业"字段拖到"将筛选字段拖至此处",分别将"性别"字段拖到"将系列字段拖至此处",将"政治面貌"字段拖到"将分类字段拖至此处",将"学号"字段拖到"将数据字段拖至此处",关闭"图表字段列表"。设置结果如图 7-49 所示。

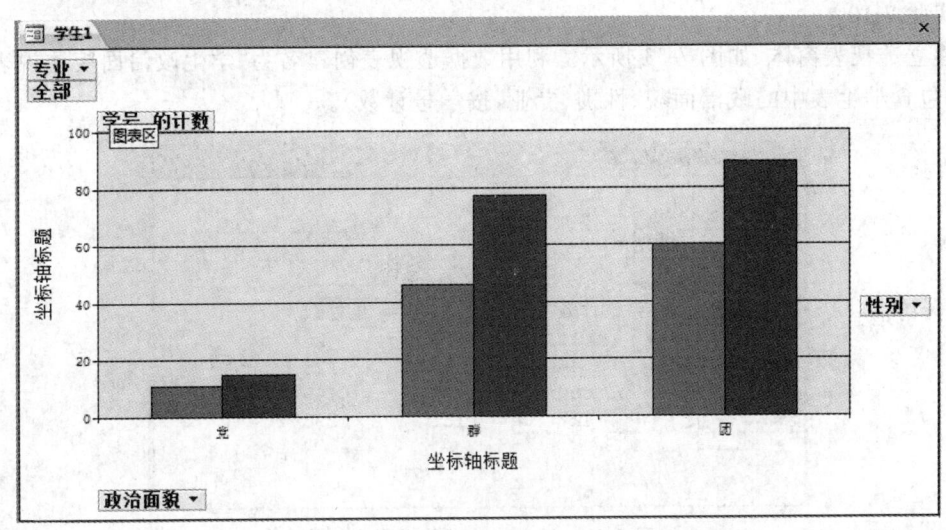

图 7-49　透视图窗体

③单击窗体中的透视图,然后单击"设计"|"更改图表类型",弹出"属性"对话框,再单击对话框中"类型"选项卡"柱形图"中的 图例,如图 7-50 所示。单击"属性"表中的关闭按钮。

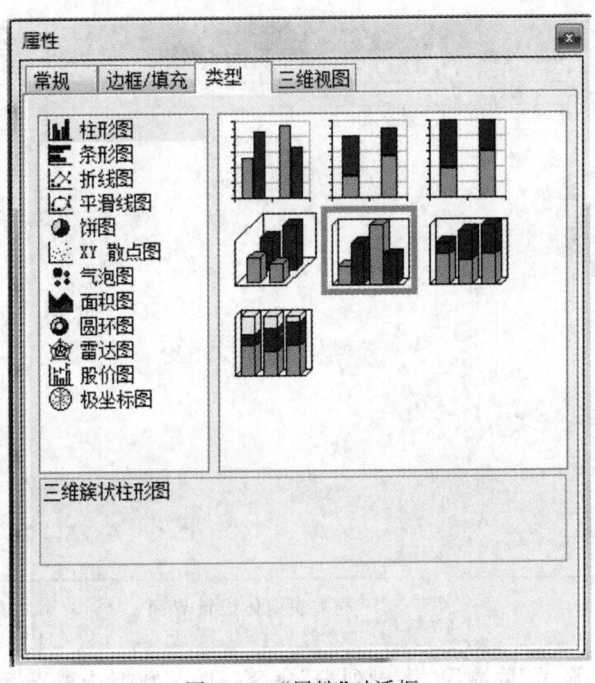

图 7-50　"属性"对话框

④以"学生政治面貌透视图"为名保存,便创建了如图 7-47 所示的图表窗体。

实验 7-10

建立透视表窗体,如图 7-51 所示。利用数据透视表创建名为"学生政治面貌透视表"的窗体(包含学生表中的政治面貌、性别、专业,按学号计数)。

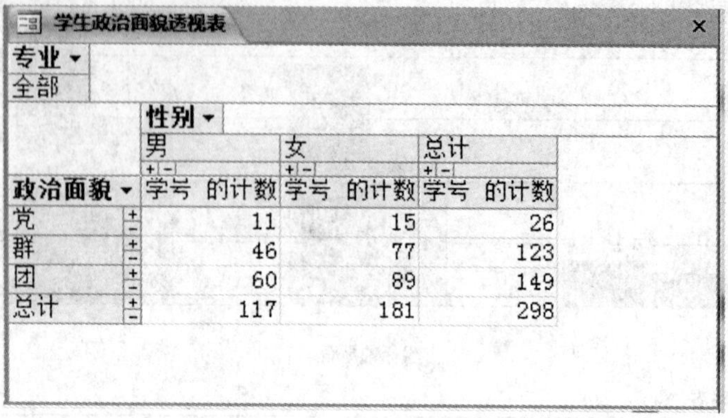

图 7-51　学生政治面貌透视表窗体

【实验步骤提示】

① 单击左侧导航窗格中的"学生"表,选择数据源;然后单击"创建"|"窗体"|"其他窗体"|"数据透视表"命令,弹出如图 7-52 所示的窗体。

图 7-52　透视表窗体设计界面

② 单击"设计"|"显示/隐藏"|"字段列表"命令,打开"数据透视表字段列表",分别将"专业"字段拖到"将筛选字段拖至此处",将"政治面貌"字段拖到"将行字段拖至此处",将"性别"字段拖到"将列字段拖至此处",将"学号"字段拖到"将汇总或明细字段拖至此处"。设置结果如图 7-53 所示。

实验 7　窗体设计

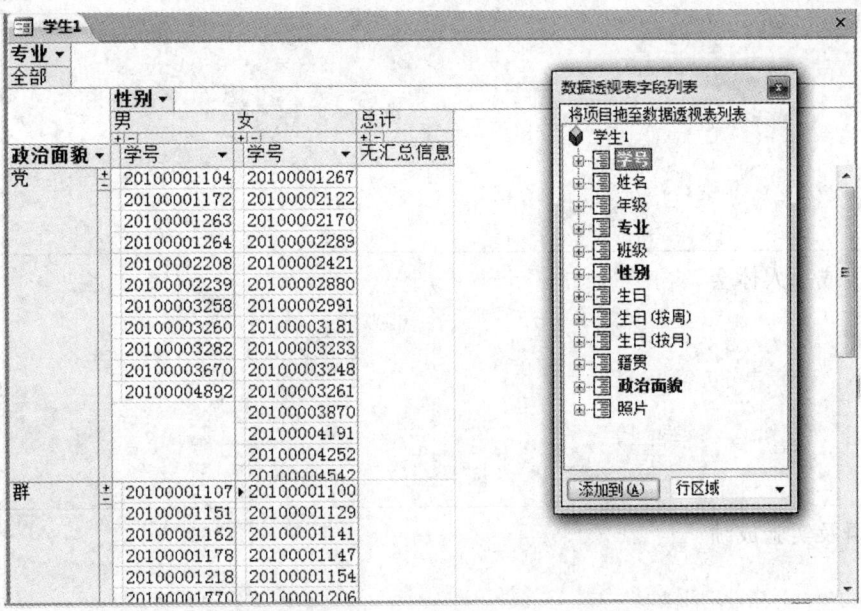

图 7-53　透视表窗体字段设计结果

③关闭"数据透视表字段列表";右键单击窗体中的"学号"字段,在弹出的快捷菜单中选择"自动计算"|"计数",然后依次单击"政治面貌"下面的"-"号,设置结果如图 7-54 所示。

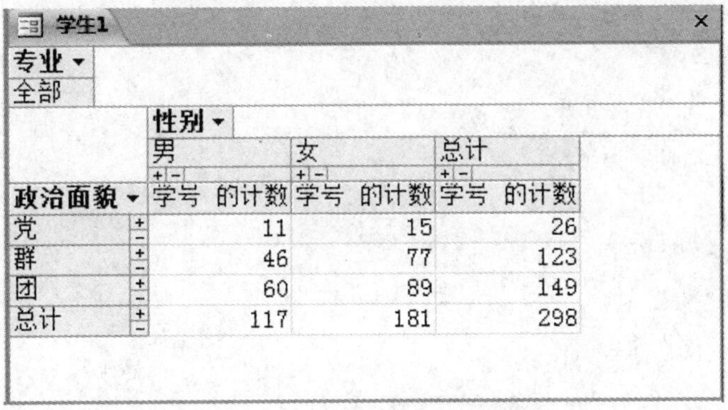

图 7-54　汇总显示的透视表窗体

④以"学生政治面貌透视表"为名保存,便创建了如图 7-51 所示的数据透视表窗体。

【实验情况及其分析】

简述主要操作过程

主要问题
简要分析或个人体会
教师评语及实验成绩

实验 8 报表设计

【实验目的】

1. 掌握报表的创建方法。
2. 根据不同要求设计不同的报表,实现显示和统计功能。

【实验内容】

实验 8-1

打开"学生选课信息.mdb"的数据库,建立一个"学生信息"的纵栏式报表,显示每名学生的详细信息,如图 8-1 所示。

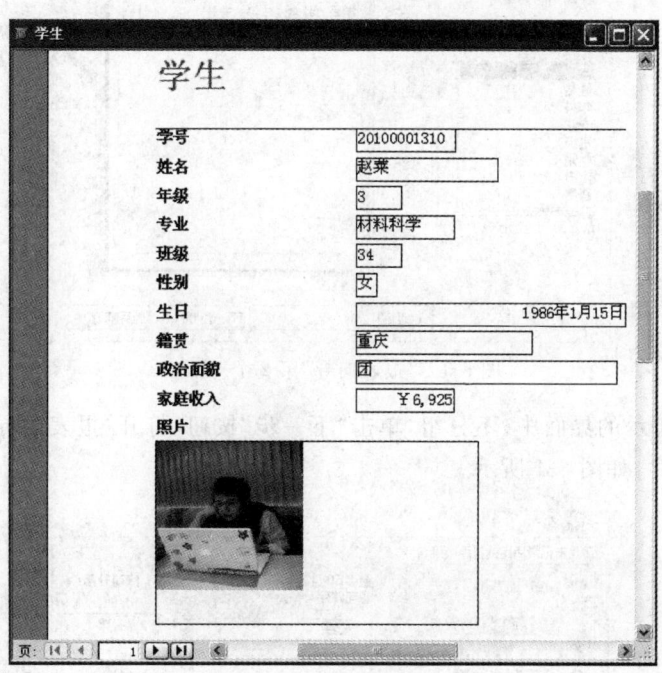

图 8-1 纵栏式报表

【实验步骤提示】

①单击"创建"选项卡上"报表"组中的"报表向导"按钮,弹出"报表向导"对话框,再选择"学生"表作为数据源,则出现"报表向导"的第 1 个对话框,将"学号"、"姓名"、"年级"、"专业"、"班级"、"性别"、"生日"、"籍贯"、"政治面貌"、"家庭收入"、"照片"依次从"可用字段"添

加到"选定字段"列表中,如图 8-2 所示。

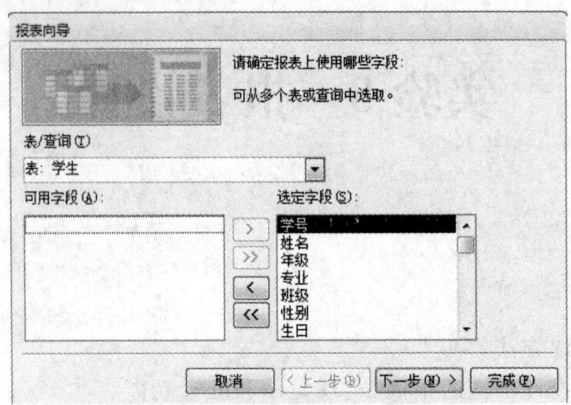

图 8-2 "报表向导"的第 1 个对话框

②在图 8-2 所示的界面中,单击"下一步"按钮,打开"报表向导"第 2 个对话框,如图 8-3 所示。

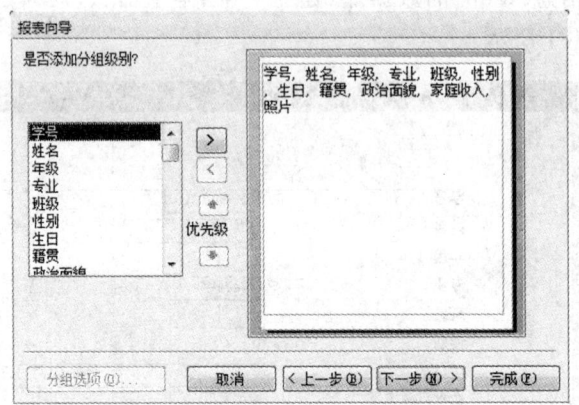

图 8-3 "报表向导"第 2 个对话框

③在图 8-3 所示的界面中,不分组,单击"下一步"按钮,打开"报表向导"第 3 个对话框,以"学号"进行排序,如图 8-4 所示。

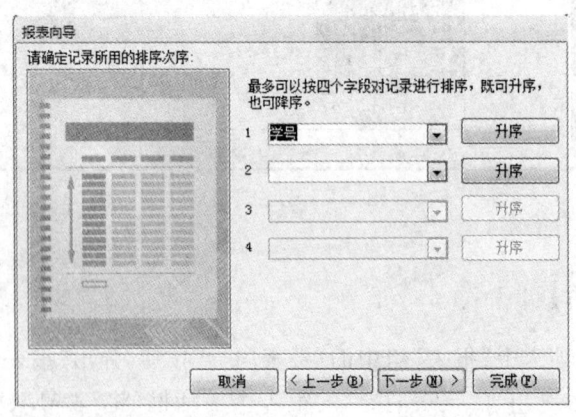

图 8-4 "报表向导"第 3 个对话框

④单击"下一步"按钮,打开"报表向导"第 4 个对话框,在"布局"中选择"纵栏表",如图 8-5 所示。

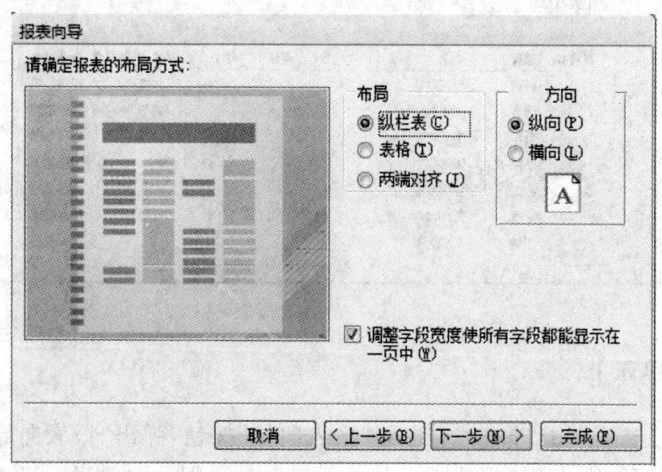

图 8-5 "报表向导"第 4 个对话框

⑤单击"下一步"按钮,打开"报表向导"第 5 个对话框,如图 8-6 所示,指定报表标题为"学生",单击"完成"按钮。

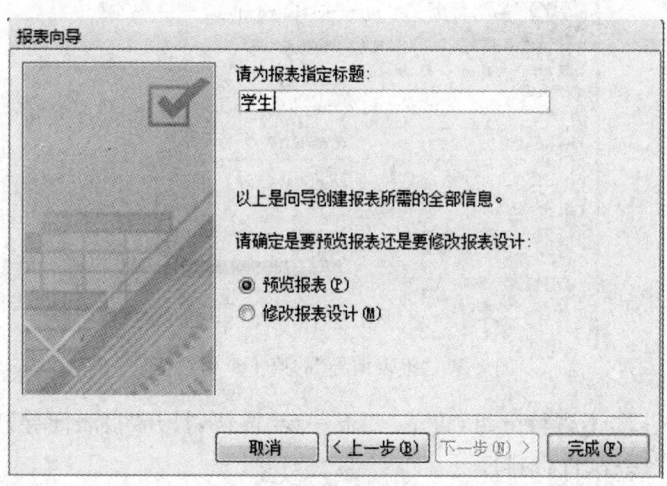

图 8-6 "报表向导"第 5 个对话框

实验 8-2

打开"学生选课信息.mdb"的数据库,建立一个"课程"的表格式报表,显示每门课程的详细信息,如图 8-7 所示。

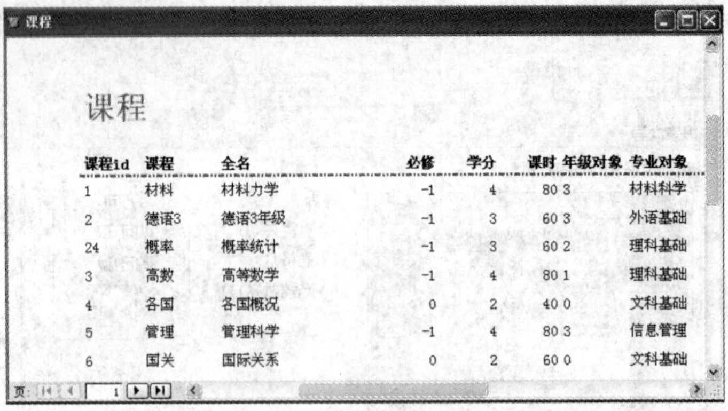

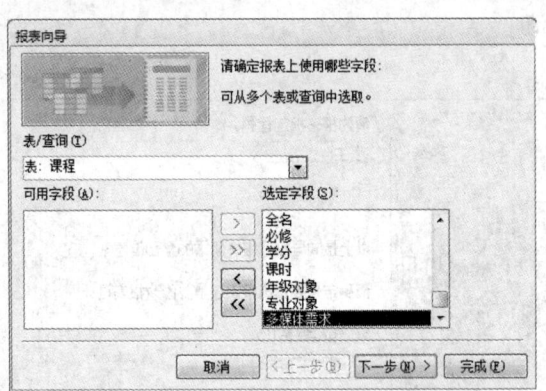

图 8-7　表格式报表

【实验步骤提示】

①单击"创建"选项卡上"报表"组中的"报表向导"按钮,弹出"报表向导"对话框,再选择"课程"表作为数据源,则出现"报表向导"的第 1 个对话框,将"课程 id"、"课程"、"全名"、"必修"、"班级"、"学分"、"课时"、"年级对象"、"专业对象"、"多媒体需求"依次从"可用字段"添加到"选定字段"列表中,设置结果如图 8-8 所示。

图 8-8　"报表向导"的第 1 个对话框

②单击"下一步",不进行分组,再单击"下一步"按钮,打开"报表向导"的排序对话框,如图 8-9 所示,选择"课程"进行排序。

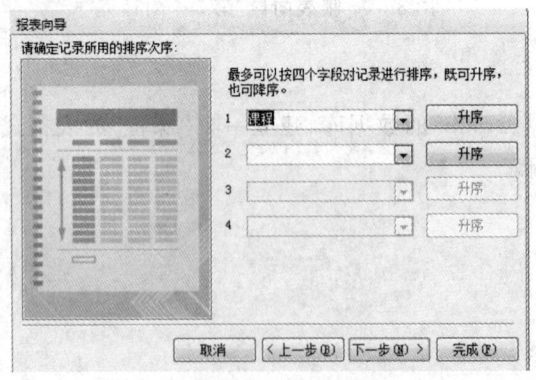

图 8-9　"报表向导"的排序对话框

实验 8 报表设计

③单击"下一步"按钮,打开"报表向导"的布局方式对话框,在"布局"中选择"表格",如图 8-10 所示。

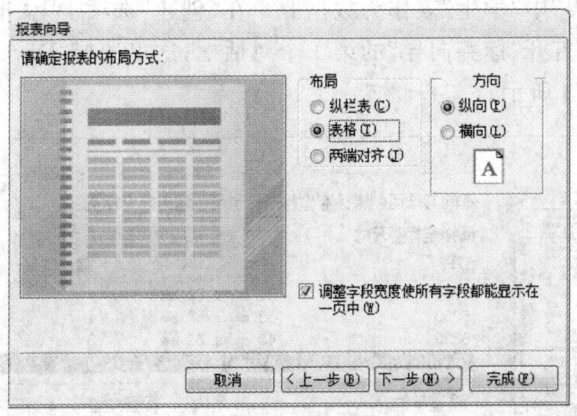

图 8-10 "报表向导"的布局方式对话框

④单击"下一步"按钮,指定报表标题为"课程",单击"完成"按钮,创建了表格式报表。切换到"设计视图",对报表格式进行编辑。调整标签的大小,选择"设计"工具中的"直线"控件,在"页面页眉"中的标签下画直线,"格式"下的"形状轮廓"对直线进行修改,如图 8-11 所示,即可完成。

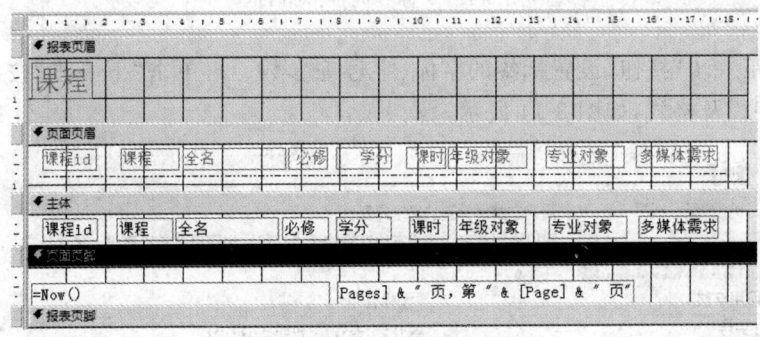

图 8-11 编辑报表

实验 8-3

打开"学生选课信息.mdb"的数据库,创建名为"学生桌签"标签报表,样式如图 8-12 所示。

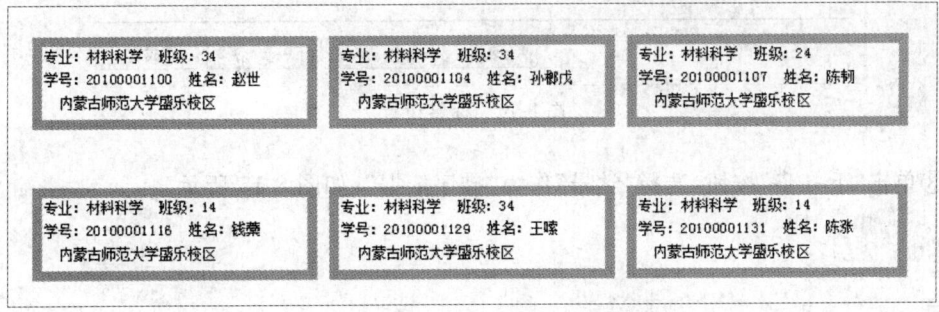

图 8-12 标签报表

【实验步骤提示】

①用鼠标单击"表"中"学生"表作为数据源。在"创建"选项卡上"报表"组中的"标签"按钮,弹出"标签向导",打开"标签向导"的第1个对话框,这里选择"Devauzet"厂商的"6346P"型号的标签,如图8-13所示。

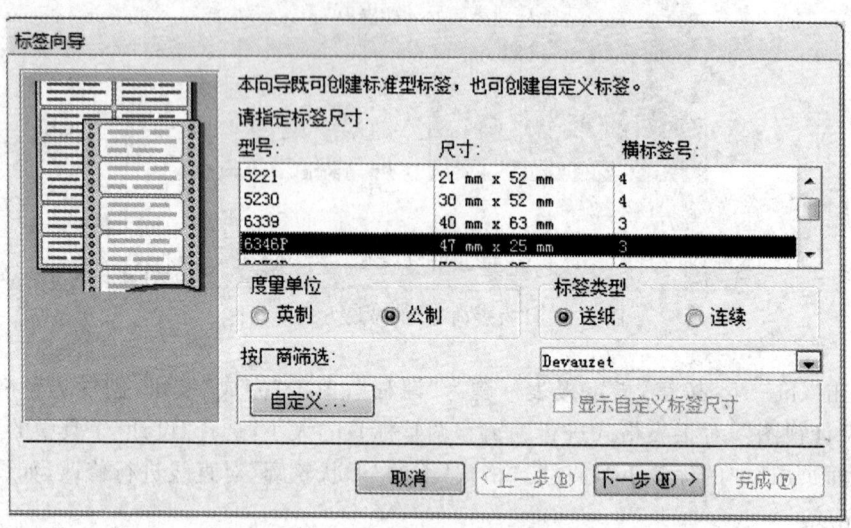

图 8-13 "标签向导"对话框

②单击"下一步"按钮,设置标签的字体、字号等参数。再单击"下一步"按钮,设置标签上要打印的字段及格式,如图8-14所示。

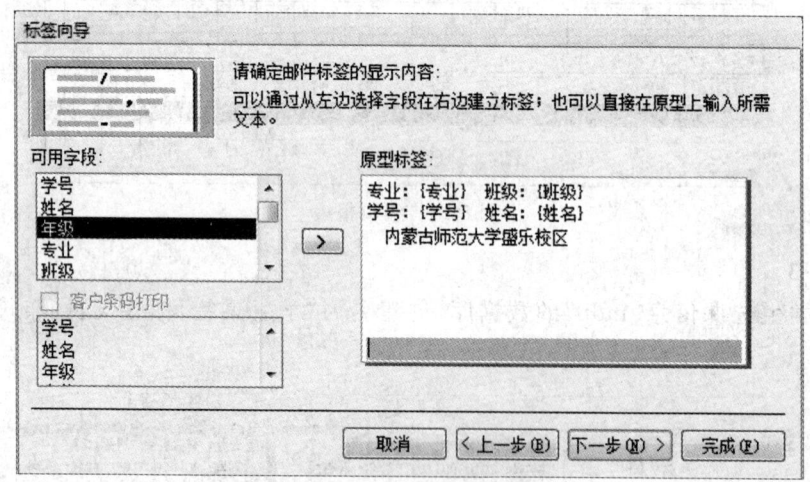

图 8-14 标签设置

③单击"下一步"按钮,选择"学号"作为"排序依据",如图8-15所示。

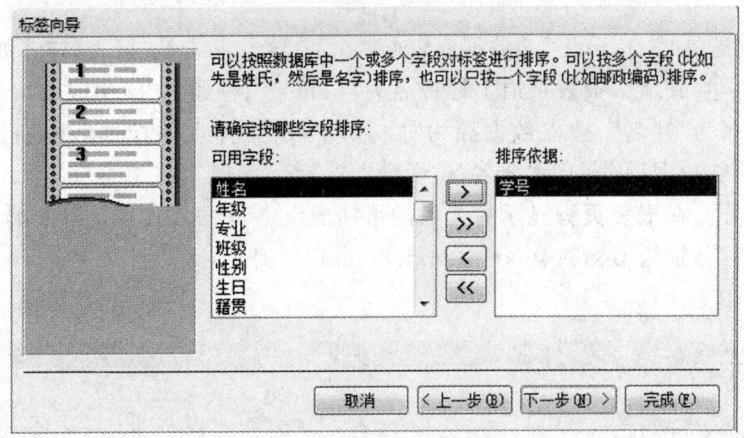

图 8-15 排序依据

④单击"下一步"按钮,修改报表的名称为"学生桌签",单击完成,查看标签报表,如图 8-16 所示。

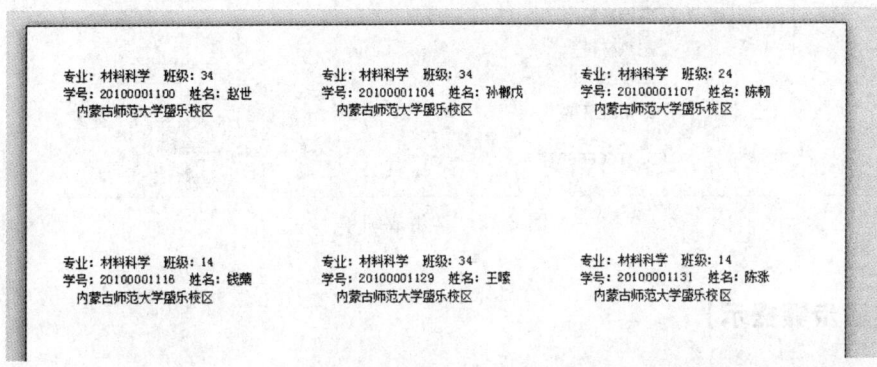

图 8-16 学生桌签

⑤进入标签的设计视图,选择"设计"选项卡中的"矩形"控件,对标签进行修改矩形框,修改矩形框的属性("背景样式"选择"透明","边框样式"选择"实线","边框宽度"选择"5pt","边框颜色"选择"灰色"),如图 8-17 所示,即可实现。

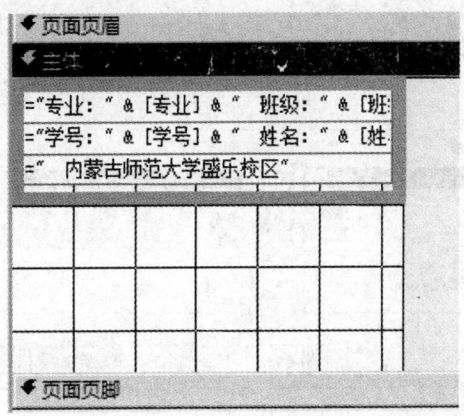

图 8-17 矩形框设置

实验 8-4

打开"学生选课信息.mdb"的数据库,创建名为"学生成绩单"报表,样式如图 8-18 所示(报表标题为"学生成绩",报表页眉上标签名为"Label8"、标题为"学生成绩清单",组页眉显示姓名的控件名为"姓名"、控件数据源为"姓名"字段,主体上的控件名分别为"全名"、"学分"、"成绩"、控件数据源分别为"全名"、"学分"、"成绩"字段),在组页脚显示该生的平均成绩及已修够学分。在报表页脚显示总人数的平均成绩、考试人次、不及格人次、不及格率,所用的文本框名称分别为 text14、text16、text18、text20(提示:人数计算使用 count(*)、不及格率使用控件相比计算)。

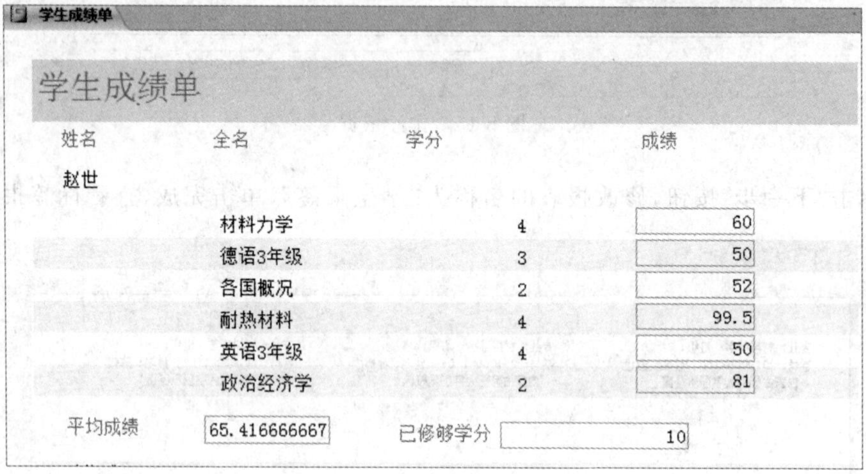

图 8-18 学生成绩单

【实验步骤提示】

① 单击"创建"选项卡上"报表"组中的"报表向导"按钮,弹出"报表向导"对话框,分别选择"学生"表中的"姓名"字段,"课程"表中的"全名"、"学分","选课"表中的"成绩"作为选定字段,如图 8-19 所示。

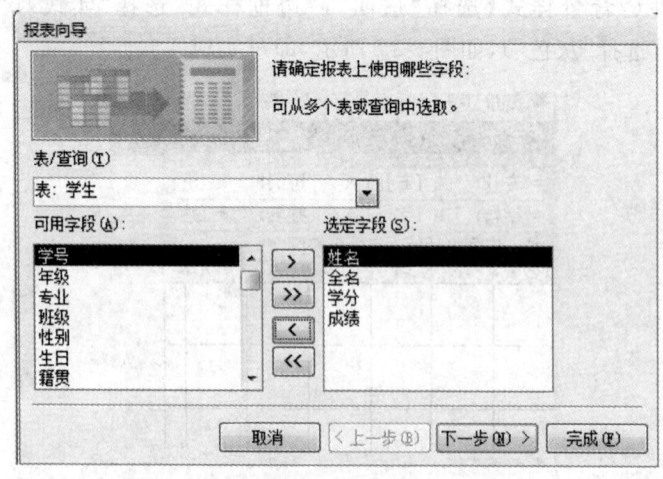

图 8-19 报表向导

②单击"下一步"按钮,选择"通过学生"查看数据的方式。再单击"下一步"按钮,不进行分组,直接单击"下一步"按钮,进入"排序与汇总"界面,选择"全名"作为排序,单击"汇总选项",如图 8-20 所示。

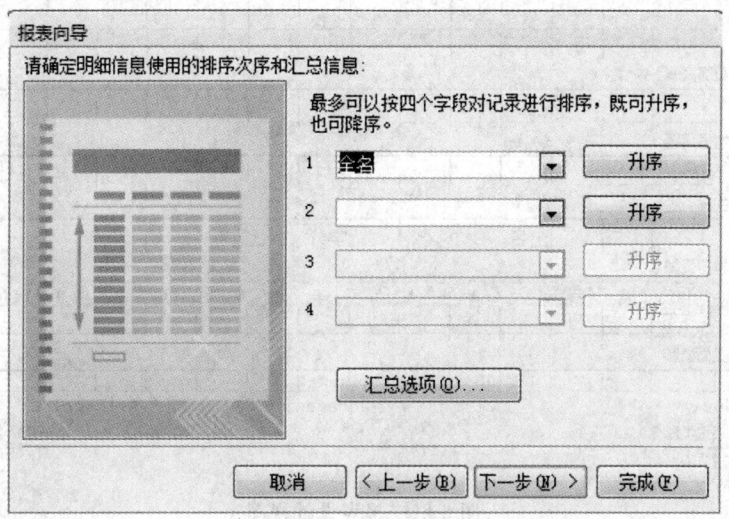

图 8-20　排序与汇总

③进入"汇总选项",选择"成绩"中的"平均",如图 8-21 所示。之后单击确定返回"排序与汇总"界面,单击"下一步"按钮进入"布局"界面,不做操作,再单击"下一步"按钮,进入"报表标题"界面。

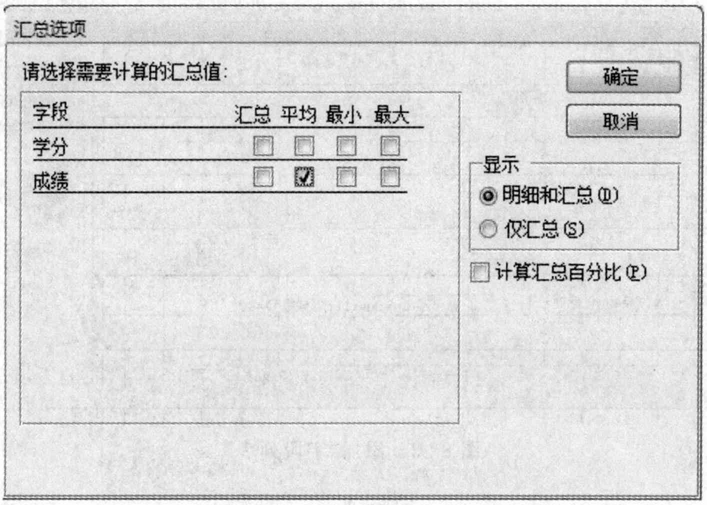

图 8-21　汇总选项

④报表标题为"学生成绩",单击"完成"按钮,创建了表格式报表。切换到"设计视图",对报表格式进行编辑,调整"页面页眉"和"主体"中的"姓名"、"全名"、"学分"的位置与大小,如图 8-22 所示。

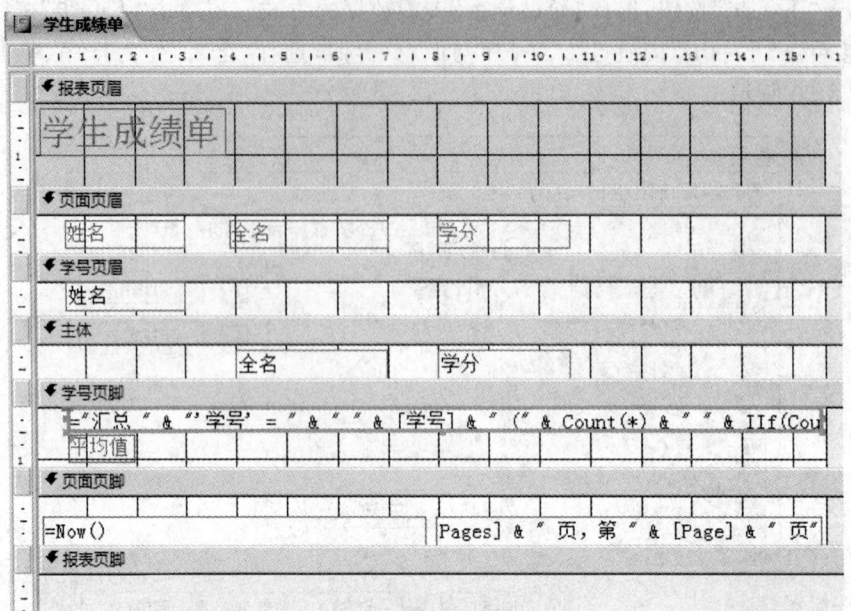

图 8-22 报表设计视图

⑤可以看到"学生成绩"的设计视图中没有"成绩"一项,单击"添加现有字段"弹出"字段列表"将"成绩"字段拖进"学生成绩单"设计视图中"主体"的位置,调整位置与大小,如图 8-23 所示。

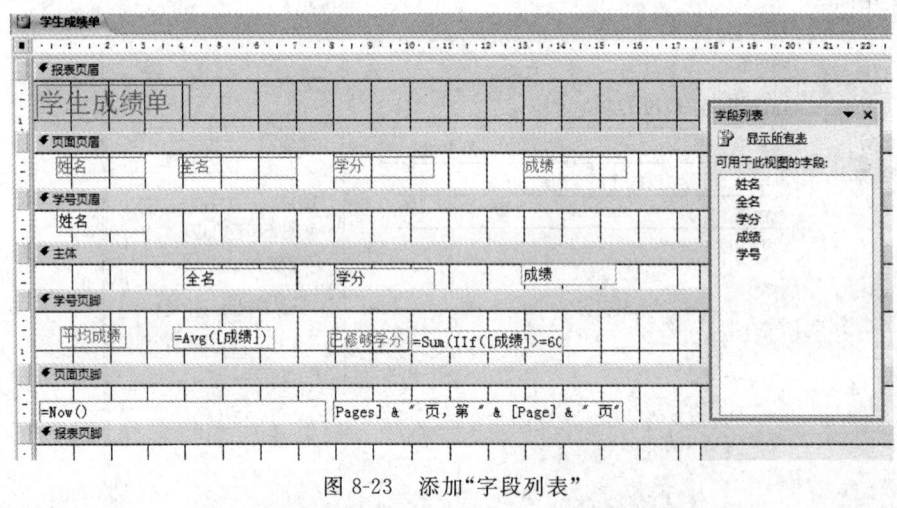

图 8-23 添加"字段列表"

⑥删除"学号页脚"中关于学号汇总的文本框;添加"平均成绩"文本框,单击"文本框""属性"的"控件来源"设置属性值为"=Avg([成绩])",再添加"已修够学分"文本框,设置"控件来源"属性值为"=sum(IIf[成绩])>=60,[学分],0)",如图 8-23 所示。

⑦在"报表页脚"中添加"总评"文本框,单击"文本框"的"属性",设置文本框的名称为"Text14",并设置"控件来源"属性值为"=Avg([成绩])";添加"考试人次"文本框,设置文本框的名称为"Text16",并设置"控件来源"属性值为"=Count(*)";添加"不及格人数"文

本框,单击"文本框"的"属性",设置文本框的名称为"Text18",并设置"控件来源"属性值为"=Sum(IIf([成绩]<60,1,0))";添加"不及格率"文本框,设置文本框的名称为"Text20",并设置"控件来源"属性值为"=[text18]/[text16]",如图 8-24 所示。切换到报表视图可查看结果。

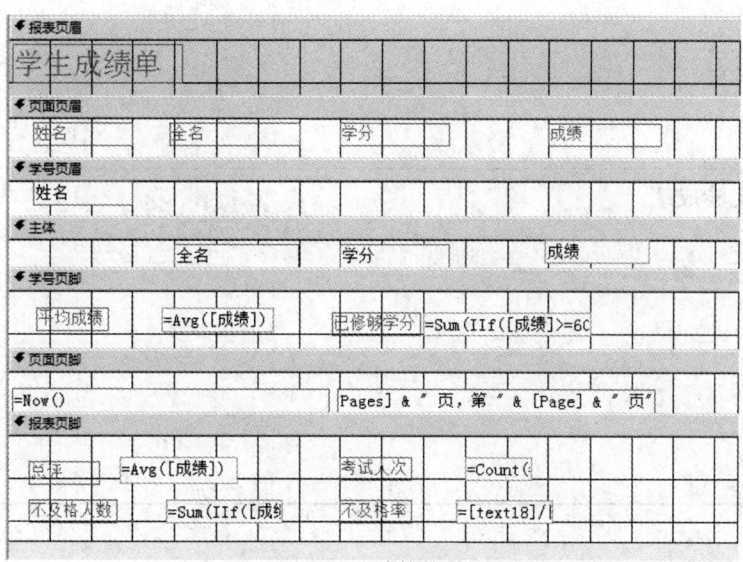

图 8-24　计算控件

【实验情况及其分析】

简述主要操作过程

主要问题

简要分析或个人体会

教师评语及实验成绩

实验 9　宏

【实验目的】

1. 掌握宏的设计方法。
2. 根据要求设计窗体,实现具体功能。

【实验内容】

实验 9-1

打开"学生选课信息.accdb"的数据库。

1. 创建一个退出 Access 的宏。

【实验步骤提示】

①在数据库窗口中,选择"创建"选项"宏与代码"组中,单击"宏",打开宏的设计窗口,如图 9-1 所示。

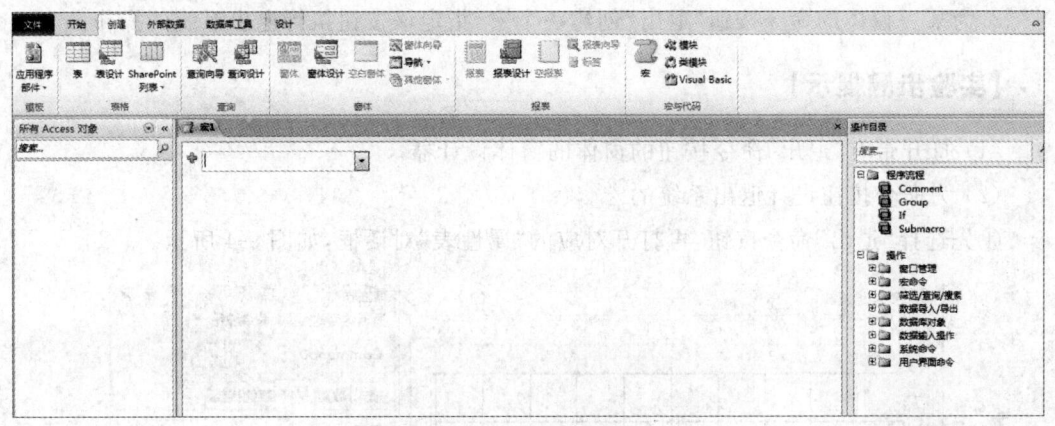

图 9-1　"宏"设计窗口

②设置宏的操作是"QuitAccess",该操作的参数是"全部保存",如图 9-2 所示。

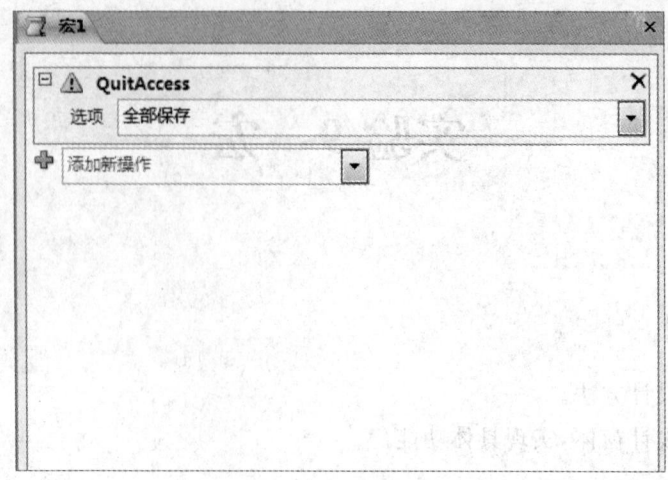

图9-2 "宏"操作窗口

③选择工具栏上的"保存"按钮,或"文件"→"保存"命令,打开"另存为"对话框,以"退出系统"为宏名,保存宏,如图9-3所示。

④关闭宏编辑窗口。

⑤在"导航窗格"中选择"宏"对象和需要运行的宏"退出系统"。

⑥选择"运行"按钮,运行选定的宏,即可退出 Access 系统。

图9-3 保存"宏"

2. 为某一窗体的命令按钮"退出"创建一个宏,指定该按钮执行退出系统的操作。

【实验步骤提示】

(1)打开带有"退出"命令按钮的窗体的窗体设计器。

(2)为命令按钮设计退出系统的宏。

①先选择"退出"命令按钮,再打开对应的"属性表"对话框,如图9-4所示。

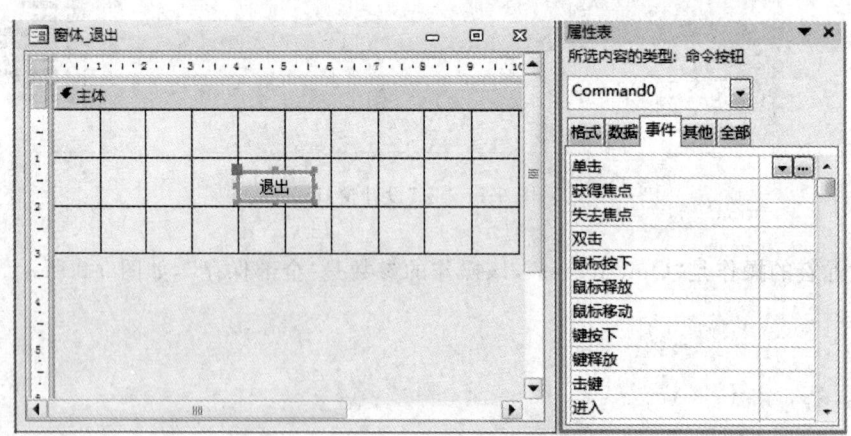

图9-4 "退出"命令按钮属性设置

② 单击"单击"属性,再单击其右边出现的对话按钮。

③ 在如图 9-5 所示的"选择生成器"对话框中选择"宏生成器"选项,再单击"确定"按钮。

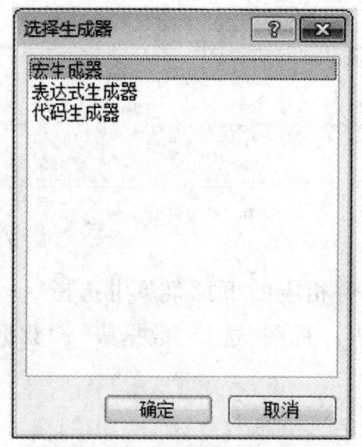

图 9-5　选择生成器

④ 出现如图 9-6 所示的宏设计界面,先单击第 1 行"添加新操作"列,再单击其右边出现的下拉按钮,并从打开的列表中选择"QuitAccess"选项,指定执行退出系统的操作。

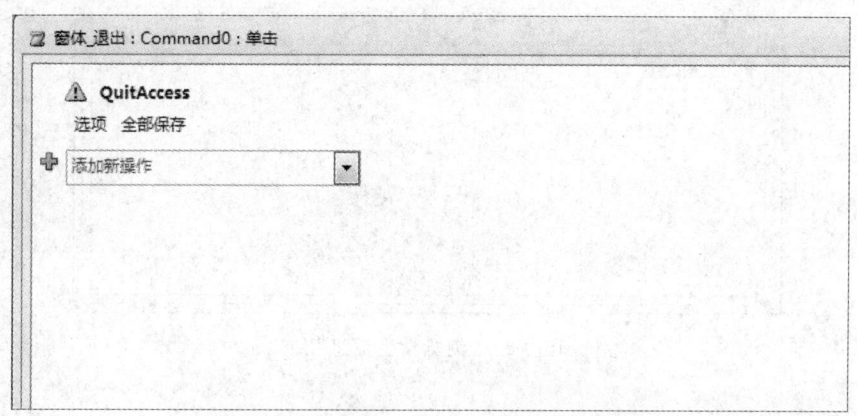

图 9-6　嵌入的宏命令

⑤ 选择"文件"→"保存"命令 或"宏设计"工具栏上的"保存"按钮,保存新建的宏。再单击宏窗口的"关闭"按钮,关闭该窗口。

注意:在窗体中单击"退出"命令按钮,执行退出数据库操作。

实验 9-2

打开"学生选课信息.accdb"的数据库。建立一个名为"浏览学生信息"的宏,用于以只读方式打开"学生"表,并运行宏,打开数据表后修改表中的内容,观察系统反应。

【实验步骤提示】

①在数据库窗口中,选择"创建"选项"宏与代码"组中,单击"宏",打开宏的设计窗口。如图9-7所示。

图9-7 创建一个宏

②单击"添加新操作"在右侧相应的下拉菜单中选择"OpenTable"操作命令,设置对应的参数:"表名称"选择"学生"表;"视图"选择"数据表";"数据模式"选择"只读"。如图9-8所示。

③保存该宏,命名为"浏览学生信息"。

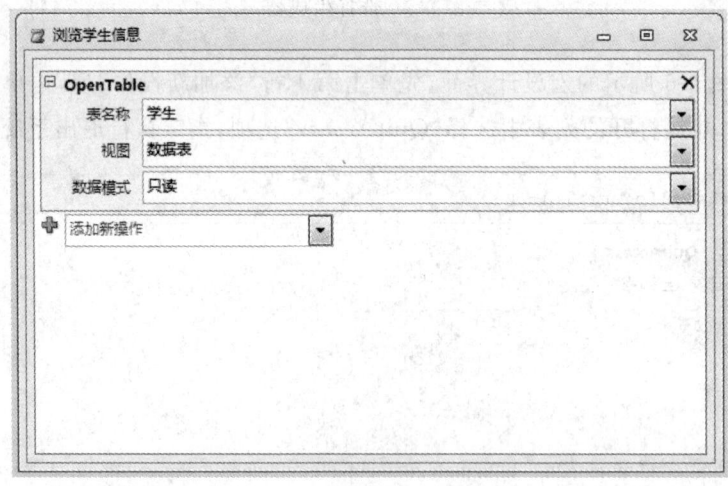

图9-8 "浏览学生信息"宏

实验9-3

打开"学生选课信息.accdb"的数据库。创建名为"关闭窗体"的宏,其功能是关闭"登录"窗体(参数"保存"设为"提示")。修改"登录"窗体,使得"关闭窗体"按钮的"单击"事件为"关闭窗体"。

【实验步骤提示】

①创建名为"关闭窗体"的宏。在数据库中,单击"创建"选项卡中的"宏与代码"中的"宏",打开"宏"设计器窗口,单击"添加新操作"在右侧相应的下拉菜单中选择"Closewindow"操作命令,设置对应的参数;"对象类型"选择"窗体";"对象名称"选择"登录"。"保存"设置为"提示"。保存该宏,命名为"关闭窗体"。如图9-9所示。

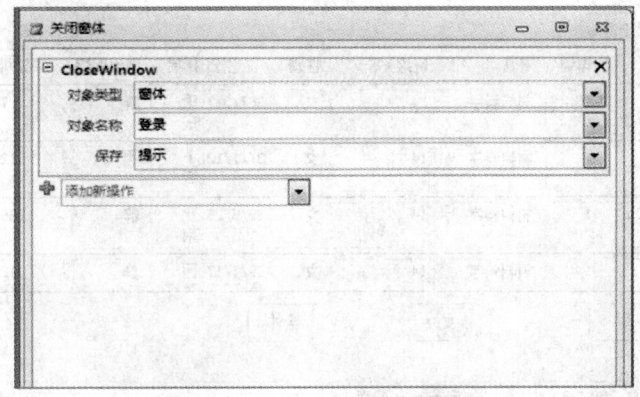

图 9-9 "关闭窗体"宏的设置

②设置"登录"窗体中按钮的"单击"事件。以设计视图打开名为"登录"的窗体,选中"关闭窗体"按钮,单击"属性表",并保存,如图 9-10 所示。

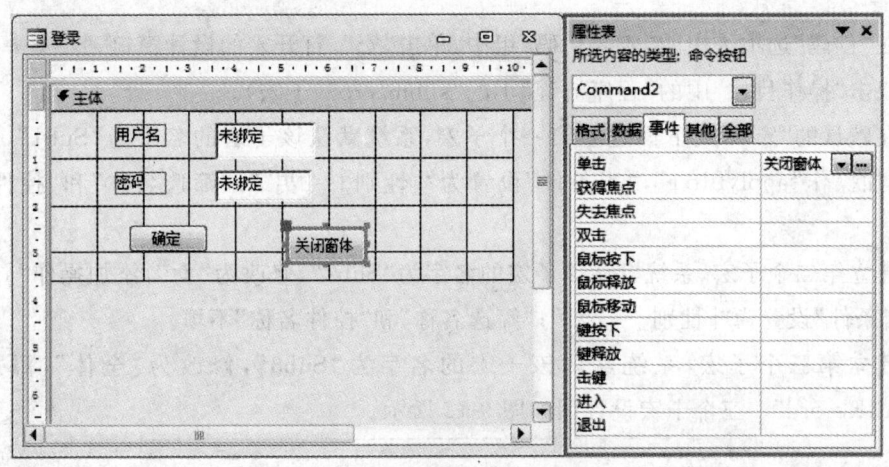

图 9-10 "关闭窗体"按钮属性设置

实验 9-4

打开"学生选课信息.accdb"的数据库。创建名为"按性别浏览"的宏组:

①第一个操作的宏名为"男",其操作为 applyfilter,筛选"学生"表中"性别"为男的学生信息;

②第二个操作的宏名为"女",其操作为 applyfilter,筛选"学生"表中"性别"为女的学生信息;

③第三个操作的宏名为"全体",其操作为 showallrecords,筛选"学生"表中全体学生的信息;

④建立"学生信息浏览_性别_命令按钮"窗体,如图 9-11 所示。修改此窗体,使得"男"按钮的"单击"事件为"按性别浏览.男";使得"女"按钮的"单击"事件为"按性别浏览.女";使得"全体"按钮的"单击事件"为"按性别浏览.全体"。

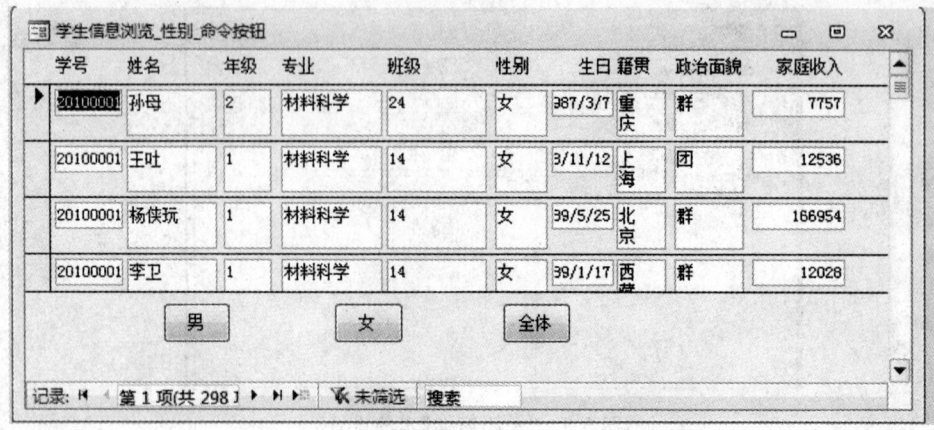

图 9-11 "学生信息浏览_性别_命令按钮"窗体

【实验步骤提示】

①在"创建"选项卡中的"宏与代码"组中,单击"宏",打开宏的设计窗口。

②双击"操作目录"中的"程序流程"下的"submacro"(子宏)。

③在默认的"宏1"列下面建立第一个子宏,系统默认该子宏的名字为"Sub1",修改为"男",添加操作"applyfilter","当条件"设置为"[性别]="男"";"筛选名称"和"控件名称"不填。

④建立第二个子宏,系统默认该子宏的名字为"Sub2",修改为"女",添加操作"applyfilter","当条件"设置为"[性别]="女"";"筛选名称"和"控件名称"不填。

⑤建立第三个子宏,系统默认该子宏的名字为"Sub3",修改为"全体",添加操作"ShowAllRecord"。三个子宏设计图如图 9-12 所示。

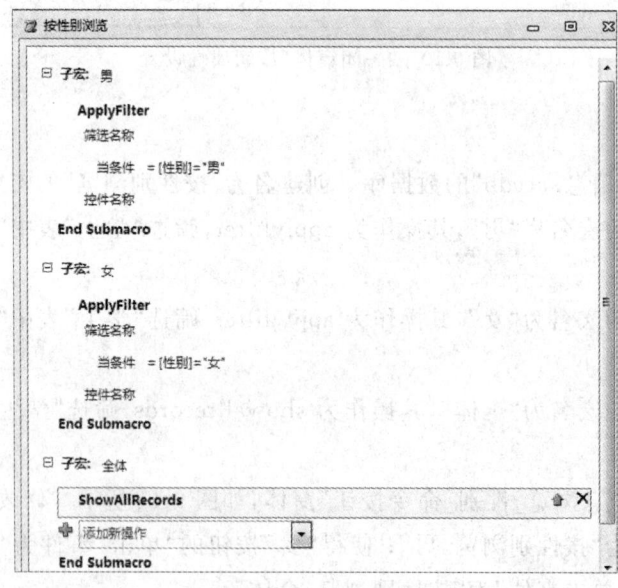

图 9-12 三个子宏

⑥建立"学生信息浏览_性别_命令按钮"窗体,并以设计视图方式打开,选中"男"命令按钮,打开"属性表"单击事件为"按性别浏览.男",如图 9-13 所示。同理,设置"女"和"全体"命令按钮的单击事件。

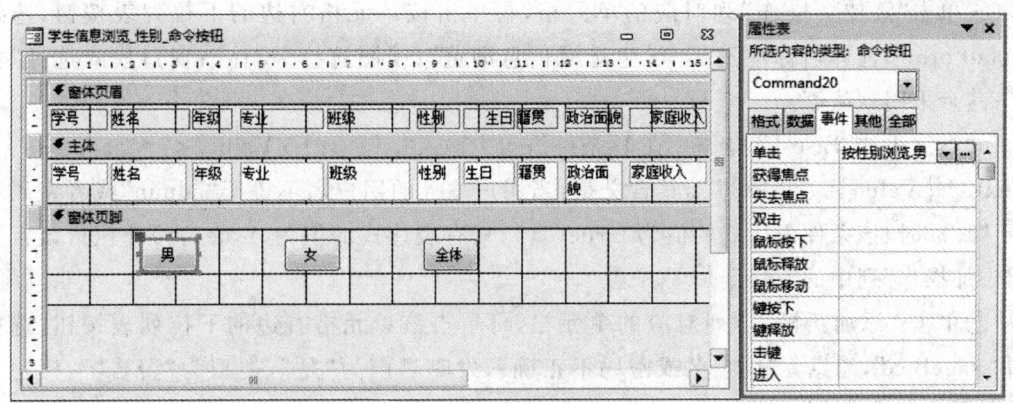

图 9-13 "男"命令按钮属性设置

实验 9-5

打开"学生选课信息.accdb"的数据库。创建名为"密码验证"的宏(带条件的宏):

①添加条件,假设"登录"窗体输入的用户名和密码都正确,用户名为"admin",密码为"123";

②添加操作 MessageBox(消息为"欢迎使用本教学管理系统",发嘟嘟声为"是",类型为"信息",标题为"欢迎");

③添加操作为 OpenForm(窗体名称为"学生选课信息浏览",视图为"窗体",窗口模式为"普通");

④添加 Else if 条件,假设"登录"窗体输入的用户名和密码不正确;

⑤添加操作 MessageBox(消息为"用户名或密码不正确",发嘟嘟声为"是",类型为"警告?",标题为"检查用户名或密码");

⑥添加操作为 SetProperty(控件名称为"",属性为"值",其他不填);

⑦添加操作 SetProperty(控件名称为"",属性为"值",其他不填);

⑧添加操作 GoToControl(控件名称为"[text1]");

⑨修改"登录"窗体,使得"确定"按钮的"单击"事件为"密码验证"。

【实验步骤提示】

①在"创建"选项卡中的"宏与代码"组中,单击"宏",打开宏的设计窗口。

②双击"操作目录"中的"程序流程"下的"If 条件"。

③在 If 条件语句中输入"[Text1].[Value]="admin" And [Text2].[Value]="123"",其含义是:当用户输入的用户名等于"admin"并且密码等于"123"时,该条件表达式的值为 True(真),只有表达式的值为 True(真)才执行该行下面"添加操作"列中的宏命令。"Text1"是该窗体中用来输入用户名的文本框的名字,"Text2"是该窗体中用来输入密码的

文本框的名字。

④单击"添加新操作"列对应的单元格,再单击该单元格右边的下拉列表按钮,选择"MessageBox",消息为"欢迎使用本教学管理系统";标题为"欢迎";类型为"信息"。

⑤单击"添加新操作"列对应的单元格,再单击该单元格右边的下拉列表按钮,选择"OpenForm",窗体名称项选择"学生选课信息浏览";视图选择"窗体";窗口模式选择"普通";其余采用默认值。

⑥继续添加"Else If"操作。在 If 条件语句中输入"[Text1].[Value]<>"admin" Or [Text2].[Value]<>"123"",其含义是:当用户输入的用户名不等于"admin"或者密码不等于"123"时,该条件表达式的值为 True(真),只有表达式的值为 True(真)才执行该行下面"添加操作"列中的宏命令。

⑦单击"添加新操作"列对应的单元格,再单击该单元格右边的下拉列表按钮,选择"MessageBox",消息为"用户名或密码不正确",发嘟嘟声为"是",类型为"警告?",标题为"检查用户名或密码"。

⑧在"添加新操作"列选择"SetProperty"宏命令并设置其参数如下:"控件名称"为"Text1",属性为"值",其他不填(含义为:清空错误的用户名)。

⑨在"添加新操作"列选择"SetProperty"宏命令并设置其参数如下:"控件名称"为"Text2",属性为"值",其他不填(含义为:清空错误的密码)。

⑩在"添加新操作"列选择"GoToControl"宏命令并设置其参数为:"控件名称"值为"Text1"。"GoToControl"宏命令的功能是把"焦点"放到某个控件上。

⑪修改"登录"窗体,使得"确定"按钮的"单击"事件为"密码验证"。登录成功的界面如图 9-14 所示,登录失败并清空文本框的界面如图 9-15 所示。

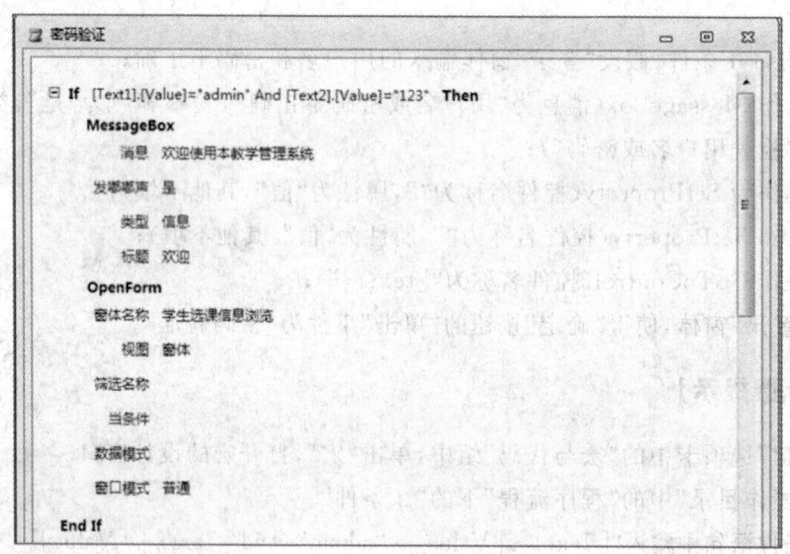

图 9-14 登录成功

```
☐ Else
    ☐ If   [Forms]![登录]![Text1]<>"admin" Or [Forms]![登录]![Text2]<>"123"   Then
            MessageBox
                消息    用户名或密码不正确
            发嘟嘟声   是
                类型    警告?
                标题    检查用户名或密码
            SetProperty
                控件名称   Text1
                属性   值
                    值
            SetProperty
                控件名称   Text2
                属性   值
                    值
            GoToControl
                控件名称   Text1
        End If
End If
```

图 9-15 登录失败

【实验情况及其分析】

简述主要操作过程
主要问题

简要分析或个人体会

教师评语及实验成绩

实验 10　小型数据库管理系统的设计

【实验目的】

1. 运用课程所学知识,设计一个小规模的数据库关系系统。
2. 进一步理解和掌握关系型数据库的管理软件的设计方法。
3. 理解和掌握关系型数据库的知识,熟悉查询、窗体和报表的使用方法。

【实验内容】

学生自行设计一个小规模数据库管理系统,如学生成绩管理系统、教学管理系统等,要求涉及以下内容及知识点:

①建立一个关系型数据库文件,根据题目自行设计多个数据表。要求能够有效的存储系统所需的数据,数据冗余度小,并建立表之间的关系;

②对数据库中的一个或多个表中的数据进行查找、统计和加工等操作;

③使用窗体和各种控件方便而直观地查看、输入或更改数据库中的数据;

④实现将数据库中的各种信息(包括汇总和会计信息)按要求的格式和内容打印出来,方便用户的分析和查阅。

第二部分 同步练习篇

第 1 章 数据库基础知识

一、选择题

1. 在数据库的发展过程中,大致经历了人工管理阶段、文件系统阶段和数据库系统阶段。其中,数据独立性最高的阶段是(　　)阶段。
   A. 数据库系统　　　　　　　　　B. 人工库管理
   C. 数据管理项　　　　　　　　　D. 文件系统

2. 数据库系统的核心是(　　)。
   A. 数据库　　　　　　　　　　　B. 数据库管理员
   C. 数据库管理系统　　　　　　　D. 文件

3. 在数据库中能够唯一标识一个元组的属性或属性的组合称为(　　)。
   A. 记录　　　　　　　　　　　　B. 字段
   C. 域　　　　　　　　　　　　　D. 关键字

4. Access 数据库文件的扩展名是(　　)。
   A. DOC　　　　　　　　　　　　B. XLS
   C. PPT　　　　　　　　　　　　D. MDB

5. DB、DBMS 和 DBS 三者之间的关系是(　　)。
   A. DB 包括 DBMS 和 DBS　　　　B. DBS 包括 DB 和 DBMS
   C. DBMS 包括 DBS 和 DB　　　　D. DBS 与 DB 和 DBMS 无关

6. 数据库管理系统位于(　　)。
   A. 硬件与操作系统之间　　　　　B. 用户与操作系统之间
   C. 用户与硬件之间　　　　　　　D. 操作系统与应用程序之间

7. 使用二维表表示实体之间联系的数据模型是(　　)。
   A. 实体一联系模型　　　　　　　B. 层次模型
   C. 关系模型　　　　　　　　　　D. 网状模型

8. 如果表 A 中的一条记录与表 B 中的多条记录相匹配,且表 B 中的一条记录与表 A 中多条记录相匹配,则表 A 与表 B 的关系是(　　)关系。
   A. 一对一　　　　　　　　　　　B. 一对多
   C. 多对一　　　　　　　　　　　D. 多对多

9. Access 是一种支持(　　)的数据库管理系统。
   A. 层次型　　　　　　　　　　　B. 关系型
   C. 网状型　　　　　　　　　　　D. 树型

10. 关系数据库的基本运算有(　　)。
    A. 选择、投影和删除　　　　　　B. 选择、投影和添加
    C. 选择、投影和连接　　　　　　D. 选择、投影和插入

11. SQL 语句的功能有（　　）。
   A. 数据定义　　　　　　　　　　B. 数据查询
   C. 数据操作和控制　　　　　　　D. 以上都是
12. 表示二维表中的"行"的关系模型术语是（　　）。
   A. 数据表　　　　　　　　　　　B. 字段
   C. 数据项　　　　　　　　　　　D. 元组
13. 表示二维表中的"列"的关系模型术语是（　　）。
   A. 数据表　　　　　　　　　　　B. 字段
   C. 数据项　　　　　　　　　　　D. 元组
14. 将两个关系拼成一个新的关系，生成的新关系中包含满足条件的元组，这种操作称为（　　）。
   A. 选择　　　　　　　　　　　　B. 投影
   C. 并　　　　　　　　　　　　　D. 联接
15. 在数据库中存储的是（　　）。
   A. 数据　　　　　　　　　　　　B. 数据模型
   C. 数据以及数据之间的联系　　　D. 信息

二、填空题

1. 目前的数据库系统，主要采用_____数据模型。
2. 数据管理技术的发展经历了人工管理阶段、_____管理阶段和数据库管理阶段。
3. 数据库系统包括数据、硬件、软件和_____。
4. 数据的完整性包括实体(/表中数据)完整性、_____和_____。
5. 对关系进行选择、投影或联接运算之后，运算的结果仍然是一个_____。
6. 工资关系中有工资号、姓名、职务工资、津贴、公积金、所得税等字段，其中可以作为主键的字段是_____。
7. 表之间的关系有三种，即一对一关系、_____关系和_____关系。
8. 数据库设计的第一个阶段是_____。

三、判断题

1. 在 Access 数据库中的每一个表是一个独立的磁盘文件。（　　）
2. Access 数据库管理系统是关系型数据库管理系统。（　　）
3. DBS 是一个软件系统。（　　）
4. 在学生关系中身份证号不能作为主键。（　　）
5. 数据库是按一定的数据模型存储的相关联的数据集合。（　　）

第 2 章 创建数据库和表

一、选择题

1. 创建表时可以在( )中进行。
   A. 报表设计器 B. 表浏览器
   C. 表设计器 D. 查询设计器

2. 数据表中的"列标题的名称"叫做( )。
   A. 数据 B. 字段
   C. 记录 D. 数据视图

3. 使用 Access 按用户的应用需求设计的结构合理、使用方便、高效的数据库和配套的应用程序系统,属于一种( )。
   A. 数据库 B. 数据库管理系统
   C. 数据库应用系统 D. 数据模型

4. 二维表由行和列组成,每一行表示关系的一个( )。
   A. 属性 B. 字段
   C. 集合 D. 记录

5. 在 Access 中,对数据表的结构进行操作,应该在( )视图下进行。
   A. 文件夹 B. 设计
   C. 数据表 D. 网页

6. 在 Access 中,一个表最多可以建立( )个主键。
   A. 1 B. 2
   C. 3 D. 4

7. 必须输入 0～9 的数字的输入掩码是( )。
   A. 0 B. &
   C. A D. C

8. 要使学生数据表中不出现同名学生的记录,在数据库中需要建立( )。
   A. 索引设置 B. 字段的有效性规则
   C. 记录的有效性规则 D. 设置触发器

9. 在下列选项中,可以控制输入数据的方法、样式及输入内容之间的分隔符的是( )。
   A. 有效性规则 B. 默认值
   C. 输入掩码 D. 格式

10. 在已经建立的"工资库"中,要从表中找出我们想要看的记录,凡是"工资额>1000.00"的记录,可用( )的方法。
    A. 查询 B. 筛选

C. 隐藏 D. 冻结

11. 在数据表的设计视图中,数据类型不包括( )类型。

A. 文本 B. 逻辑

C. 数字 D. 备注

12. 以下关于主关键字的说法,错误的是( )。

A. 使用自动编号是创建主关键字最简单的方法

B. 作为主关键字的字段中允许出现 Null 值

C. 作为主关键字的字段中不允许出现重复值

D. 不能确定任何单字段的值的唯一性时,可以将两个或更多的字段组合成为主关键字

13. 字段按其所存数据的不同而被分为不同的数据类型,其中"文本"数据类型用于存放( )。

A. 图片 B. 文字或数字数据

C. 文字数据 D. 数字数据

14. 图形对象应该设为( )型。

A. 图片 B. OLE 对象

C. 备注 D. 视图

15. 在 Access 中,可以使用( )命令不显示数据表中的某些字段。

A. 隐藏 B. 冻结

C. 删除 D. 筛选

二、填空题

1. 在表中能够唯一标识表中每条记录的字段或字段组合称为_____。

2. 获取外部数据只在 Access 中使用,应该采取_____方式创建表。

3. 对一个已存在数据的表要更改字段名,应该在表的_____视图中进行更改。

4. 在表的"设计"视图中创建表,必须对每个字段定义的是_____和_____。

5. 要想浏览、输入、编辑和删除记录,必须在_____视图中进行。

6. Access 提供了两种字段类型用来保存文本或文本与数字结合的数据,这两种数据类型分别是文本型和_____。

7. 数据表设计视图的字段属性区有两个选项卡:_____和查询。

8. 在操作数据表时,如果要修改表中多处相同的数据,可以使用_____功能,自动将查找到的数据修改为新数据。

三、判断题

1. Null 是最小的值。( )

2. 身份证号码不能为数字型。( )

3. 排序可以同时对多个字段进行。( )

4. 输入掩码向导可以用于日期/时间型数据。( )

5. "设计视图"是创建表最有效的方法。( )

第 3 章 查 询

一、选择题

1. Access 支持的查询类型有（　　）。
   A. 选择查询、交叉查询、参数查询、SQL 查询和操作查询
   B. 基本查询、选择查询、参数查询、SQL 查询和操作查询
   C. 多表查询、单表查询、交叉查询、参数查询和操作查询
   D. 选择查询、统计查询、参数查询、SQL 查询和操作查询

2. 在 Access 中，建立查询时可以设置筛选条件，应在（　　）栏中输入筛选条件。
   A. 总计   B. 排序
   C. 条件   D. 字段

3. 在 Access 的查询中可以使用总计函数，（　　）就是可以使用的总计函数之一。
   A. Sum   B. And
   C. Or   D. +

4. 下列对 Access 查询叙述错误的是（　　）。
   A. 查询的数据源来自于表或已有的查询
   B. 查询的结果可以作为其他数据库对象的数据源
   C. Access 的查询可以分析数据、追加、更改、删除数据
   D. 查询不能生成新的数据表

5. 合法的表达式是（　　）。
   A. 教师工资 between2000and3000
   B. ［性别］="男"or［性别］="女"
   C. ［教师工资］>2000［教师工资］<3000
   D. ［性别］like"男"=［性别］="女"

6. 若要用设计视图创建一个查询，查找总分在 255 分以上（包括 255 分）的女同学的姓名、性别和总分，正确的设置查询准则的方法应为（　　）。
   A. 在条件单元格键入：总分＞＝255AND 性别="女"
   B. 在总分条件单元格键入：总分＞＝255；在性别的条件单元格键入："女"
   C. 在总分条件单元格键入：＞＝255；在性别的条件单元格键入："女"
   D. 在条件单元格键入：总分＞＝255OR 性别="女"

7. 在查询设计器中不想显示选定的字段内容则将该字段的（　　）项对号取消。
   A. 排序   B. 显示
   C. 类型   D. 条件

8. （　　）不属于统计函数。
   A. MAX   B. COUNT

C. LAST D. YEAR

9. 在以下查询条件表达式中,日期表示正确的是（　　）。

A.（89-11-12） B. ♯89-11-12♯

C.〈89-11-12〉 D. &89-11-12&

10. 假设某数据库表中有一个课程名称字段,查找课程名称以"计算机"开头的记录的准则是（　　）。

A. Like"计算机" B. 计算机

C. Left（[课程名称],3）="计算机" D. 以上都对

11. 假设某数据表中有一个工作时间字段,查找 92 年参加工作的职工记录的条件是（　　）。

A. Between ♯92-01-01♯ And ♯92-12-31♯

B. Between"92-01-01"And"92-12-31"

C. Beteewn"92.01.01"And"92.12.31"

D. ♯92.01.01♯ And ♯92.12.31♯

12. 下列叙述不正确的是（　　）。

A. 删除查询主要用于删除符合条件的记录

B. 更新查询中可以使用计算功能

C. 追加查询时如果两个表的结构不一致,则不能进行

D. 生成表查询生成的表,该表是源表的一个子集

13. 使用向导创建交叉查询的数据源是（　　）。

A. 数据库文件 B. 表

C. 查询 D. 表或查询

14. 操作查询可以用于（　　）。

A. 更改已有表中的大量数据

B. 对一组记录进行计算并显示结果

C. 从一个以上的表中查找记录

D. 以类似于汇总大量数据

15. 用表"学生名单"创建新表"学生名单2",所使用的查询方式是（　　）。

A. 删除查询 B. 生成表查询

C. 追加查询 D. 交叉表查询

二、填空题

1. 查询设计完成后,有多种方式可以观察查询结果,比如可以进入_____视图模式,或者单击_____按钮。

2. 交叉表查询的三要素是_____、_____、_____。

3. 在 Access 中,"文本"数据类型的字段最大为_____个字节。

4. 将表"学生名单2"的记录复制到表"学生名单1"中,且不删除表"学生名单1"中的记录,所使用的查询方式是_____。

5. 查询中的计算公式和条件应写在设计视图中_____行。

6. 在 Access 数据库中,对数据表进行列求和的查询是进行的_____查询。

7. _____语言是关系数据库的标准语言。

8. 在查询中写在"条件"栏同一行的条件之间的是_____的逻辑关系,写在"条件"栏不同行的条件之间的是_____的逻辑关系。

三、判断题

1. 查询结果不能保存,除非使用生成表查询。(   )
2. 查询只能对相关联的表进行。(   )
3. 字段在库的设计中已定义完成,在查询显示时不能改变其显示名称。(   )
4. 查询条件必须预先设计好,在查询过程中不能更改查询条件。(   )
5. 查询记录集中显示的字段必须是数据库中已有的字段。(   )

第4章 窗 体

一、选择题

1. 窗体没有下列（　　）功能。
   A. 显示记录　　　　　　　　　B. 添加记录
   C. 分类汇总记录　　　　　　　D. 删除记录

2. 在 Access 窗体中，能够显示在每一个打印页底部的信息，它是（　　）。
   A. 窗体页眉　　　　　　　　　B. 窗体页脚
   C. 页面页眉　　　　　　　　　D. 页面页脚

3. 在 Access 中，窗体上显示的字段为表或（　　）中的字段。
   A. 报表　　　　　　　　　　　B. 标签
   C. 记录　　　　　　　　　　　D. 查询

4. 主窗体和子窗体通常用于显示具有（　　）关系的多个表或查询的数据。
   A. 一对一　　　　　　　　　　B. 一对多
   C. 多对一　　　　　　　　　　D. 多对多

5. 不是窗体控件的为（　　）。
   A. 表　　　　　　　　　　　　B. 标签
   C. 文本框　　　　　　　　　　D. 组合框

6. 不是窗体文本框控件的格式属性的选项是（　　）。
   A. 标题　　　　　　　　　　　B. 可见性
   C. 前景颜色　　　　　　　　　D. 背景颜色

7. 创建窗体的数据源不能是（　　）。
   A. 一个表　　　　　　　　　　B. 一个单表创建的查询
   C. 一个多表创建的查询　　　　D. 报表

8. 自动创建窗体不包括（　　）。
   A. 纵栏式　　　　　　　　　　B. 模块式
   C. 表格式　　　　　　　　　　D. 数据表

9. 下列不是窗体的组成部分的是（　　）。
   A. 窗体页眉　　　　　　　　　B. 窗体页脚
   C. 主体　　　　　　　　　　　D. 窗体设计器

10. 只可显示数据，无法编辑数据的控件是（　　）。
    A. 文本框　　　　　　　　　　B. 标签
    C. 组合框　　　　　　　　　　D. 选项组

11. 若字段类型为是/否型，通常会在窗体中使用的控件是（　　）。
    A. 文本框　　　　　　　　　　B. 标签

C. 组合框 D. 选项组

12. 通过修改( ),可以改变窗体控件或控件的外观。
A. 属性 B. 设计
C. 窗体 D. 控件

13. ( )节在窗体每页的顶部显示信息。
A. 主体 B. 窗体页眉
C. 页面页眉 D. 控件页眉

14. 要在窗体首页使用标题,应在窗体页眉添加( )控件。
A. 文本框 B. 标签
C. 图片 D. 选项组

15. 使用窗体设计器,不能创建( )。
A. 操作查询 B. 自定义对话窗体
C. 开关面板窗体 D. 数据维护窗体

二、填空题

1. Access 数据库管理系统主要使用_____对象显示、输入、编辑数据。
2. 表中的 OLE 对象型数据,在窗体中使用_____控件表示。
3. 窗体中的数据来源主要包括表和_____。
4. 窗体属性对话框中包括格式、_____、_____、_____、_____。
5. 使用"自动创建窗体",可以创建_____、_____、_____的窗体。但如果想要创建基于多表的窗体,则应使用或先建立基于多表的查询作为数据源。
6. 窗体的属性决定了窗体的_____、_____以及窗体的数据来源。
7. 窗体控件的属性决定了窗体的_____及控件的自身结构、外观和行为以及它所涉及的_____的特性。
8. 窗体的控件依据与数据的关系可以分为 3 个类型,分别是_____、_____、_____。

三、判断题

1. 窗体中页眉和页脚只能成对添加。( )
2. 显示与窗体关联的表或查询中字段值的控件类型是关联型。( )
3. "窗体视图"下不能进行字体字号、颜色的设置。( )
4. 窗体中可以使用非绑定文本框创建计算控件显示计算结果。( )
5. 在窗体上只能显示一个表的信息。( )

第 5 章　报　　表

一、选择题

1. 在 Access 中通过（　　）可以对报表的各个部分设置背景颜色。
   A. 格式菜单　　　　　　　　　　B. 编辑菜单
   C. 插入菜单　　　　　　　　　　D. 属性对话框
2. 利用报表向导设计报表时,无法设置（　　）。
   A. 报表布局　　　　　　　　　　B. 记录排序次序
   C. 报表中显示字段　　　　　　　D. 在报表中显示日期
3. 在 Access 中,为了美化报表,可以使用（　　）菜单中的命令对齐报表上的控件。
   A. 编辑　　　　　　　　　　　　B. 视图
   C. 格式　　　　　　　　　　　　D. 工具
4. 若计算报表中所有学生的平均分,应把计算平均分的文本框设置在（　　）位置。
   A. 主体　　　　　　　　　　　　B. 页面页眉
   C. 页面页脚　　　　　　　　　　D. 报表页脚
5. 在 Access 中,使用菜单在报表中插入页码,页码可以显示在（　　）中。
   A. 报表页眉　　　　　　　　　　B. 报表页脚
   C. 页面页眉　　　　　　　　　　D. 报表主体
6. 在报表中页眉/页脚总是成对出现,若只要页眉一项,下列（　　）操作可以实现。
   A. 在页脚中不放入任何内容
   B. 选择"编辑"菜单中的"删除"命令删除页脚
   C. 隐藏页脚
   D. 设置页脚的高度属性为 0
7. 在 Access 中,使用"自动创建报表"方法创建报表时,可以设置（　　）。
   A. 报表的数据来源　　　　　　　B. 报表显示的字段
   C. 报表的样式　　　　　　　　　D. 报表中数据的分组条件
8. 在 Access 中,报表中的数据可以进行排序,排序在（　　）设置。
   A. 版面预览视图中　　　　　　　B. 打印预览视图中
   C. 设计视图下的排序与分组　　　D. 属性
9. 在 Access 中,使用（　　）操作,可以在数据表中快速地移动到最后一条记录。
   A. 查找　　　　　　　　　　　　B. 替换
   C. 定位　　　　　　　　　　　　D. 选择记录
10. 报表没有（　　）功能。
    A. 录入数据　　　　　　　　　　B. 排序
    C. 分类汇总　　　　　　　　　　D. 打印输出

11. 在创建带子报表的报表时,主报表与子报表的基表或查询应具备(　　)关系。
    A. 一对一　　　　　　　　　　B. 一对多
    C. 多对一　　　　　　　　　　D. 任意
12. 在报表中页眉/页脚总是成对出现,若只要页脚一项,下列(　　)操作可以实现。
    A. 在页眉中不放入任何内容
    B. 选择"编辑"菜单中的"删除"命令删除页眉
    C. 隐藏页眉
    D. 设置页眉的高度属性为 0
13. 要设置在报表每一页底部都输出的信息,需要设置(　　)。
    A. 报表页眉　　　　　　　　　B. 报表页脚
    C. 页面页眉　　　　　　　　　D. 页面页脚
14. 不是报表的组成部分的为(　　)。
    A. 报表页眉　　　　　　　　　B. 报表页脚
    C. 报表主体　　　　　　　　　D. 报表设计器
15. 在报表的设计视图中最多可有(　　)。
    A. 5 个节　　　　　　　　　　B. 6 个节
    C. 7 个节　　　　　　　　　　D. 8 个节

二、填空题

1. 在创建报表时一般都是先用"自动创建报表"或_____创建报表,然后切换到_____视图,对生成的报表进行修改。
2. 如果要对报表中每一条记录的数据进行计算并显示计算值,应将计算控件添加到_____节中。
3. 在报表中有_____、_____、_____三种视图状态。
4. 报表_____部分是报表不可缺少的关键内容。
5. 报表通常由报表的页眉、报表的页脚、_____、_____及报表主体部分组成。
6. 报表的数据源可是_____和_____。
7. 报表页眉的内容只能在报表的_____输出。
8. 对报表进行_____设置,可以使报表中数据按一定的顺序及分组输出,同时还可以进行分组汇总。

三、判断题

1. 可以在报表的"页面设置"命令对话框中设置打印时的纸张的大小。(　　)
2. 在预览报表时用户可以任意修改数据。(　　)
3. 在报表页眉中可以插入图片。(　　)
4. 窗体中可以使用非绑定文本框创建计算控件显示计算结果。(　　)
5. 页码的位置一般在报表页脚中。(　　)

第6章 宏

一、选择题

1. 宏中的每个操作都有名称,用户( )。
   A. 能够更改操作名　　　　　　B. 不能更改操作名
   C. 能对有些宏名进行更改　　　D. 能调用外部命令更改操作名

2. 宏是指一个或多个( )的集合。
   A. 命令　　　　　　　　　　　B. 操作
   C. 对象　　　　　　　　　　　D. 条件表达式

3. 关于宏叙述错误的是( )。
   A. 宏是 Access 的一个对象
   B. 宏的主要功能是使操作自动进行
   C. 使用宏可以完成许多繁杂的人工操作
   D. 只有熟悉掌握各种语法、函数,才能编写出功能强大的宏命令

4. 怎样才能产生宏操作( )。
   A. 创建宏　　　　　　　　　　B. 编辑宏
   C. 运行宏　　　　　　　　　　D. 创建宏组

5. 用于使计算机发出"嘟嘟"声的宏命令是( )。
   A. Echo　　　　　　　　　　　B. MsgBox
   C. Beep　　　　　　　　　　　D. Restore

6. 用于退出 Access 的宏命令是( )。
   A. Creat　　　　　　　　　　　B. QuitAccess
   C. Ctrl＋All＋Del　　　　　　　D. CloseAccess

7. 无论创建何种类型的宏,一定可以进行的是( )。
   A. 确定宏名　　　　　　　　　B. 设置宏操作的条件
   C. 选择宏操作　　　　　　　　D. 以上均可

8. 宏命令 OpenTable 打开数据表,则可以显示该表的视图是( )。
   A. "数据表"视图　　　　　　　B. "设计"视图
   C. "打印预览"视图　　　　　　D. 以上都是

9. 从宏设计窗体中运行宏,应单击工具栏上的( )。
   A. Ctrl＋空格键　　　　　　　B. Ctrl＋Break 键
   C. Alt＋Ctrl 键　　　　　　　　D. Pause 键

10. 在 Access 系统中,宏是按( )调用的。
    A. 名称　　　　　　　　　　　B. 标识符
    C. 编码　　　　　　　　　　　D. 关键字

11. 下列关于宏和模块的叙述中,正确的是( )。
   A. 模块是能够被程序调用的函数
   B. 通过定义宏可以选择或更新数据
   C. 宏或模块都不能使窗体或报表上的事件代码
   D. 宏可以是独立的数据库对象,可以提供独立操作对象
12. 用于打开一个窗体的宏命令是( )。
   A. opentable   B. openreport
   C. openform   D. openquery
13. 用于打开一个报表的宏命令是( )。
   A. opentable   B. openreport
   C. openform   D. openquery
14. 用于打开一个查询的宏命令是( )。
   A. opentable   B. openreport
   C. openform   D. openquery
15. 下列属于通知或警告用户的命令是( )。
   A. PrintOut   B. MsgBox
   C. OutputTo   D. RunWarnings

二、填空题

1. 宏是 Access 的一个对象,其主要功能是_____。
2. 在宏中添加了某个操作以后,可以在宏设计窗体的下部设置这个操作的_____。
3. 利用_____,可以创建一个宏。
4. 在"宏"编辑窗口,打开"添加操作"栏所对应的_____,将列出 Access 中的所有宏命令。
5. 宏是一个或多个_____的集合。
6. 由多个操作构成的宏,执行时是按_____依次执行。
7. 宏可以打开_____、_____和_____等对象。
8. 如果要建立一个宏,希望执行该宏以后,首先打开一个表,然后打开一个窗体,那么在该宏中应该使用 OpenTable 和_____两个操作命令。
9. 打开查询的宏命令是_____。
10. 打开报表的宏命令是_____。

三、判断题

1. 所有的宏操作都可以转化为相应的模块代码。( )
2. 使用宏可以启动其他的应用程序。( )
3. 可以使用宏组来管理相关的一系列宏。( )
4. 在宏的条件表达式中不能引用窗体或报表的控件值。( )
5. 创建一个宏至少要定义一个宏操作命令。( )

第7章 模块与VBA程序设计

一、选择题

1. 下列叙述不正确的是（　　）。
   A. 注释语句是非执行语句,仅对程序的有关内容起注释作用,它不被解释和编译
   B. 注释语句可以放在代码中的任何位置
   C. 注释语句不能放在续行符的后面
   D. 代码中加入注释语句的目的是提高程序的可读性

2. 窗体模块和报表模块属于（　　）。
   A. 类模块　　　　　　　　　　B. 标准模块
   C. 宏模块　　　　　　　　　　D. 局部模块

3. VBA中定义符号常量可以用关键字（　　）。
   A. Dim　　　　　　　　　　　B. Long
   C. main　　　　　　　　　　　D. Const

4. VBA中定义整数可以用类型标识（　　）。
   A. Long　　　　　　　　　　　B. Integer
   C. String　　　　　　　　　　D. Date

5. 执行语句分（　　）结构。
   A. 4种　　　　　　　　　　　B. 3种
   C. 2种　　　　　　　　　　　D. 6种

6. VBA中定义局部变量可以用关键字（　　）。
   A. Const　　　　　　　　　　B. Dim
   C. Public　　　　　　　　　　D. Static

7. 关于模块,下面叙述错误的是（　　）。
   A. 是Access系统中的一个重要对象
   B. 以VBA语言为基础,以函数和子过程为存储单元
   C. 模块包括全局模块和局部模块
   D. 能够完成宏所不能完成的复杂操作

8. 能够触发窗体的MouseDown事件的操作是（　　）。
   A. 单击鼠标　　　　　　　　　B. 拖动窗体
   C. 鼠标滑过窗体　　　　　　　D. 按下键盘上的某个键

9. 能够触发窗体的DblClick事件的操作是（　　）。
   A. 单击鼠标　　　　　　　　　B. 双击窗体
   C. 鼠标滑过窗体　　　　　　　D. 按下键盘上某个键

10. 下列叙述中不正确的是( )。

A. 变量名的第一个字符必须是字母

B. 变量名的长度不超过 255 个字符

C. 变量名可以包含小数点或者内嵌的类型申明字符

D. 变量名不能使用关键字

二、填空题

1. VBA 的全称是_____。

2. VBA 中变量作用域分为 3 个层次,这 3 个层次是_____、_____和_____。

3. 在模块的说明区域中,用关键字说明的变量是模块范围的变量;在标准模块的变量定义区域,用_____关键字说明的变量是属于全局范围的变量。

4. 要在程序或函数的实例间保留局部变量的值,可以用_____关键字代替 Dim。

5. VBA 的 3 种流程控制结构是顺序结构、_____和_____。

三、判断题

1. VBA 中定义符号常量可以用关键字 Const。( )

2. 定义了二维数组 A(5,5),则该数组的元素个数为 25。( )

3. VBA 的逻辑值进行算术运算时,True 值被当作 0。( )

4. VBA"定时"操作中,需要设置窗体的"计时器间隔(TimerInterval)"属性值,其计量单位是分钟。( )

5. 变量名不能使用关键字。( )

第三部分 测试篇

模 拟 试 卷

笔试试卷 1

一、单选题(每小题后的四个备选答案中只有一个是正确的,请将你认为正确的那个编号填在答题纸的对应位置上。每小题2分,本大题共40分。)

1. 下面对数据库特点的不正确叙述是(   )。
   A. 数据结构化
   B. 数据独立性高
   C. 数据冗余度高
   D. 数据由一个软件集中式管理,高度共享

2. 数据库系统的核心是(   )。
   A. 数据库   B. 数据库管理员
   C. 数据库管理系统   D. 文件

3. 在数据库中能够唯一标识一个元组的属性或属性的组合称为(   )。
   A. 记录   B. 字段
   C. 域   D. 关键字

4. 一个学生可以选修多门课程,一门课程可以由多个学生选修,则学生-课程之间的联系为(   )。
   A. 一对一   B. 一对多
   C. 多对一   D. 多对多

5. Access 是一种支持(   )的数据库管理系统。
   A. 层次型   B. 关系型
   C. 网状型   D. 树型

6. 关系数据库的基本运算有(   )。
   A. 选择、投影和删除   B. 选择、投影和添加
   C. 选择、投影和连接   D. 选择、投影和插入

7. 下面对"关系模型"特点的叙述中,不正确的说法是(   )。
   A. 把列称为字段,每个字段的取值类型相同
   B. 列的顺序可任意交换
   C. 关系模型允许在关系中出现两条完全相同的元组
   D. 关系模型具有三类完整性约束规则

8. 下面关于候选键、主关键字段的说法中,错误的是(　　)。
A. 一个表可以有多个候选键
B. 一个表只能有一个主关键字(主键)
C. 主关键字段可以是一个字段,也可以是一组字段
D. 主关键字段中不允许有重复值但可以取空值

9. 在下列选项中,可以控制输入数据的方法、样式及输入内容之间的分隔符的是(　　)。
A. 有效性规则 B. 默认值
C. 输入掩码 D. 格式

10. 下列关于表间关系的说法中,错误的是(　　)。
A. 关系双方联系的对应字段的字段类型必须相同
B. 关系双方至少需要有一方为主关键字
C. 通过公共字段建立关系
D. 在 Access 中,两个表之间可以建立多对多的关系

11. 一个字段由(　　)组成。
A. 字段名称 B. 数据类型
C. 字段属性 D. 以上都是

12. 关于查询和表之间的关系,下面说法中正确的是(　　)。
A. 查询的结果是建立了一个新表
B. 查询的记录集存在于用户保存的地方
C. 查询中所存储的只是在数据库中筛选数据的准则
D. 每次运行查询时,Access 便从相关的地方调出查询形成的记录集,这是物理上就已经存在的

13. 关于查询,下列说法正确的是(　　)。
A. 创建好的查询,可以更改查询中字段的排列顺序
B. 查询的结果不可以进行排序
C. 查询的结果不可以进行筛选
D. 对已创建的查询,可以添加或删除其数据来源

14. 要使窗体在运行时用户不能调整其大小,但可以最小化,应设置窗体的"边框样式"属性值为(　　)。
A. 细边框 B. 无
C. 对话框边框 D. 可调边框

15. 一般只用来显示提示信息的窗体控件是(　　)。
A. 文本框 B. 标签
C. 命令按钮 D. 列表框

16. 如果想要在报表中计算数字字段的合计、平均值,则需要设置(　　)。
A. 排序字段 B. 汇总字段

C. 分组间隔 D. 分组级别

17. 关于报表数据源设置,以下说法正确的是( )。
A. 可以是任意数据库对象 B. 只能是表对象
C. 只能是表对象或查询对象 D. 只能是查询对象

18. 将 Access 数据库中的数据发布到 Internet 上可以通过( )。
A. 窗体 B. 查询
C. 报表 D. 数据访问页

19. 创建一个宏至少要定义一个宏操作命令,并为其设置相应的( )。
A. 操作参数 B. 条件
C. 命令按钮 D. 备注信息

20. 下面对数据库备份的说法中,错误的是( )。
A. 备份只是对数据库中的表对象进行备份
B. 备份是对整个数据库所有对象进行备份
C. 对数据访问页文档要单独用 Windows 进行备份
D. 可使用 Access 备份和 Windows 备份对数据库进行备份

二、填空题(请将在答题纸的对应题号位置上填入恰当的内容,每空 2 分,共 30 分。)

1. 数据是信息的载体,信息是数据的_____。
2. 把对数据的收集、整理、组织、存储、检索、传输、维护这一系列过程称为_____。
3. 数据管理技术的发展大体上经历了四个阶段:人工阶段、_____、数据库阶段、分布式数据库阶段。
4. 实体与实体之间的联系有三种,它们是:1 对 1、_____和多对多。
5. 数据模型有三个要素:数据结构、数据操作、数据完整性约束。
6. 关系模型有三类完整性约束规则:实体完整性、用户自定义完整性和_____。
7. Access 文本类型数据的默认大小是 50 个字符,最多可以达到_____个字符。
8. 在 Access 中,一个表最多可以建立_____个主键。
9. 如果要设置"选课"表的"成绩"字段必须符合条件:0≤成绩≤100,应设置"成绩"字段的有效性规则为_____。
10. 要从"学生"表中查询:2007 级、学号尾数是 2 的所有学生,查询条件应为:学号 LIKE("_____")。
11. Access 提供了纵栏式窗体、表格式窗体、数据表式窗体、主/子式窗体、_____和数据透视表式窗体 6 种类型的窗体。
12. 一个完整的报表设计通常由:报表页眉、页面页眉、分组页眉、_____、分组页脚、页面页脚和报表页脚 7 个部分组成。
13. 数据访问页虽然也是一种数据库对象,但它_____在数据库文件中。
14. 宏是一个或多个_____的集合。
15. 为数据库设置密码时,必须以_____方式打开数据库。

得分	

三、判断题(在答题纸的对应题号位置上,正确的打√,错误的打×,每小题2分,共30分。)

1. 对一个表进行排序操作后,表的记录存储顺序发生了变化。　　　　　(　　)
2. 每个表只允许有一个"自动编号"字段。　　　　　　　　　　　　　(　　)
3. 字段名中可以用"!"字符。　　　　　　　　　　　　　　　　　　　(　　)
4. "电话号码"字段的规则是:4位数字区号-至少7位或许8位数字电话号码(如0471-4392451,0221-32457889),那么其输入掩码为:0000-00000009。　　(　　)
5. Access的数据类型中,允许用户创建一个列表,可以在列表中选择内容作为添入字段内容的数据类型是"超链接类型"。　　　　　　　　　　　　　(　　)
6. 在Access中自动编号数据类型一旦被确定,就会永久地记录链接。　　(　　)
7. 如果"学生"表与"选课"表之间通过"学号"建立了"1对多"联系,并且设置了"级联更新",那么修改了主表中的"学号"值,从表的相关"学号"值会自动修改。(　　)
8. 索引能够提高查询速度,所以对一个表来说索引建的越多越好。　　　(　　)
9. 可以通过"操作查询"修改表中的数据。　　　　　　　　　　　　　(　　)
10. 如果查询中有分组,那么Count(*)函数是统计每个组中的元组个数,而不是全部元组的个数。
11. 可以利用窗体输入数据。　　　　　　　　　　　　　　　　　　　(　　)
12. 一个报表必须有"主体"节。　　　　　　　　　　　　　　　　　　(　　)
13. 不能通过数据访问页向数据库添加数据。　　　　　　　　　　　　(　　)
14. 在窗体的命令按钮中可以调用宏。　　　　　　　　　　　　　　　(　　)
15. 压缩数据库文件可以减少文件的存储空间,提高读取效率。　　　　(　　)

笔试试卷1答案

一、选择题(每题2分,共40分。)

题号	1	2	3	4	5	6	7	8	9	10
答案	C	C	D	D	B	C	C	D	C	D
题号	11	12	13	14	15	16	17	18	19	20
答案	D	C	D	A	B	B	C	D	A	A

二、填空题(每题2分,共30分。)

1. 内涵
2. 数据处理(或信息处理)
3. 文件系统阶段(或文件阶段)
4. 一对多
5. 数据操作
6. 参照完整性
7. 255
8. 1

9. >=0 and <=100

10. 2007*2

11. 图表式窗体

12. 主体

13. 不保存

14. 操作命令

15. 独占

三、判断题（每题2分，共30分）

题号	1	2	3	4	5	6	7	8	9	10
答案	×	√	×	√	×	√	√	×	√	√
题号	11	12	13	14	15					
答案	√	√	×	√	√					

笔试试卷 2

得分	

一、单选题（每小题后的四个备选答案中只有一个是正确的，请将你认为正确那个编号填在答题纸的对应位置上。每小题2分，本大题共50分。）

1. 下列说法不正确的是（　　）。
   A. 可以在单独的报表页眉中输入任何内容
   B. 为了将标题在每一页都显示出来，应该将标题放在页面页眉中
   C. 在实际操作中，组页眉和组页脚不可以单独设置
   D. 主体节中可以包含计算的字段数据

2. 在 Access 数据库的窗体中，通常用（　　）来显示记录数据，可以在屏幕或页面上显示一条记录，也可以显示多条记录。
   A. 页面　　　　　　　　　　B. 窗体页眉
   C. 主体节　　　　　　　　　D. 页面页眉

3. Access 数据库中的数据表窗体的主要作用是（　　）。
   A. 存放数据，便于读取　　　B. 将数据排序后，加快查询速度
   C. 作为一个窗体的子窗体　　D. 显示数据、删除、更新数据

4. 在 Access 数据库中，主要用来输入或编辑字段数据的位于窗体设计工具箱，一种交互式控件是指（　　）。
   A. 文本框控件　　　　　　　B. 标签控件
   C. 复选框控件　　　　　　　D. 组合框控件

5. 下列窗口中可以按排直接运行一些现编写语句的是（　　）。
   A. 立即窗口　　　　　　　　B. 本地窗口
   C. 监视窗口　　　　　　　　D. 快速监视窗口

6. 在 VBA 中，下列变量名中不合法的是（　　）。

· 119 ·

A. 你好 B. ni hao
C. nihao D. ni—hao

7. 在宏的设计过程中,可以通过将某些对象(　　)至"宏"窗体的操作行内的方式快速创建一个在指定数据库对象上执行操作的宏。

A. 剪切 B. 拖动
C. 复制 D. 建立快捷方式

8. VBA 中定义静态变量可以用关键字(　　)。

A. Const B. Dim
C. Public D. Static

9. 一般情况下数组 a(3,4,5)包含的元素个数为(　　)。

A. 345 B. 12
C. 120 D. 60

10. 下面(　　)不是 Access 中的准则运算符。

A. 关系运算符 B. 逻辑运算符
C. 算术运算符 D. 特殊运算符

11. Access 数据库中的 SQL 查询中的 GROUP BY 语句用于(　　)。

A. 分组条件 B. 对查询进行排序
C. 列表 D. 选择行条件

12. 在 Access 数据库中,主窗体中的窗体称为(　　)。

A. 主窗体 B. 三级窗体
C. 子窗体 D. 一级窗体

13. 在 Access 2010 数据库对象中,体现数据库设计目的的对象是(　　)。

A. 表 B. 模块
C. 查询 D. 报表

14. 主要用在封面的是(　　)。

A. 页面页眉节 B. 报表页眉节
C. 组页眉节 D. 页面页脚节

15. 已知 pi=3.141592,要计算 30°角的余弦值应该使用(　　)。

A. sin(30 * pi/180) B. sin(30 * pi/360)
C. cos(30 * pi/180) D. cos(30 * pi/360)

16. 在 Access 2010 数据访问页中,命令按钮是一种常用的对象,下列有关命令按钮对象的叙述不正确的是(　　)。

A. 在数据访问页中命令按钮主要用来浏览记录和保存、删除等操作
B. 命令按钮控件提供了命令按钮向导,可以通过向导设置命令按钮的动作、外观等
C. 可以在命令按钮上添加图片显示,从而使其更形象
D. 在命令按钮向导中,可以为命令按钮设置超级链接

17. Access 2010 数据库中,在创建交叉表查询时,用户需要指定三种字段,下面(　　)选项不是交叉表查询所需求指定的字段。

A. 格式字段 B. 列标题字字段

C. 行标题字段   D. 总计类型字段

18. 在 Access 2010 中,在"查找和替换"时可以使用通配符,其中可以用来通配任何单个字符的通配符是( )。

A. ?   B. !

C. &   D. *

19. 在 Access 2010 数据库表中,筛选操作有多种类型,下列筛选不能通过工具栏来实现的是( )。

A. 高级筛选/排序   B. 按选定内容筛选

C. 按筛选目标筛选   D. 按窗体筛选

20. 在 Access 数据库中,带条件的查询需要通过准则来实现的,准则是运算符、常量、字段值等的任意组合,下面( )选项不是准则中的元素。

A. SQL 语句   B. 函数

C. 属性   D. 字段名

21. Access 某数据库表中有姓名字段,查询姓"刘"的记录的准则是( )。

A. Left([姓名],1)="刘"   B. Right([姓名],1)="刘"

C. Left([姓名],1)="刘"   D. Right([姓名],1)="刘"

22. 下列关于纵栏式报表的描述中,错误的是( )。

A. 垂直方式显示

B. 可以显示一条或多条记录

C. 将记录数据的字段标题信息与字段记录数据一起安排在每页主体节区内显示

D. 将记录数据的字段标题信息与字段记录数据一起安排在每页报表页眉节区内显示

23. SetValue 命令是用来( )。

A. 打开窗体的   B. 执行指定的外部应用程序的

C. 设置属性值的   D. 指定当前记录的

24. 用于显示整个报表的计算汇总或其他的编译数字信息的是( )。

A. 报表页脚节   B. 页面页脚节

C. 主体节   D. 页面页眉节

25. 使用"自动报表"创建的报表只包括( )。

A. 报表页眉   B. 页脚和页面页眉

C. 主体区   D. 页脚节区

二、填空题(请在答题纸的对应题号位置上填入恰当的内容,每空 2 分,共 30 分。)

1. 在面向对象方法中,信息隐蔽是通过对象的_____性来实现的。

2. 类是一个支持集成的抽象数据类型,而对象是类的_____。

3. 设一棵二叉树的中序遍历结果为 DBEAFC,前序遍历结果为 ABDECF,则后序遍历结果为_____。

4. 数据独立性分为逻辑独立性与物理独立性。当数据的存储结构改变时,其逻辑结构可以不变,因此,基于逻辑结构的应用程序不必修改,称为_____。

5. 数据流图的类型有_____和事务型。

6. Access 数据库中的 SQL 查询主要包括联合查询、传递查询、子查询、_____ 4 种方式。

7. Access 数据库窗体设计工具箱中的组合框既可以多列表页中选择内容,也可以输入文本,可以将组合框分为两种类型,分别是组合型组合框和_____。

8. 利用报表不仅可以创建_____,而且可以对记录进行分组,计算各组的汇总数据。

9. 决定了窗体显示时是否具有窗体滚动条的是_____属性,该属性值有"两者均无"、"水平"、"垂直"和"水平和垂直"四个选项。

10. Access 中的_____查询和选择查询相类似,都是由用户指定查找记录的条件,但选择查询是检查符合条件的一组记录,而该查询是在一次查询操作中对所得结果进行编辑等操作。

11. 为了在属性窗口列出 Access 类对象,应首先打开这些类对象的"_____"视图。

12. 直接在属性窗口编辑对象的属性,属于"静态"设置方法,在代码窗口中由 VBA 代码编辑对象的属性叫做"_____"设置方法。

13. 设计报表时,将各种类型的文本和_____放在报表"设计"窗体中的各个区域内。

14. 在 Access 中,创建报表的三种方式:_____、使用向导功能和使用"设计"视图功能创建。

15. 在 Access 数据库中,创建主/子窗体的方法有两种:一是同时创建_____;二是将已有的窗体作为窗体添加到已有的窗体中。

得分	

三、判断题(在答题纸的对应题号位置上,正确的打√,错误的打×,每小题 2 分,共 20 分。)

1. Access 数据库具有数据独立性高和数据冗余度高的特点。   (   )

2. Access 提供了 10 种数据类型,其中用来存储多媒体对象的数据类型是查阅向导。
                                                                            (   )

3. 在调整行高的过程中,所设置的高度将会应用于表内的所有行。   (   )

4. 必须输入 0 到 9 的数字或空格的输入掩码是"0"。   (   )

5. 关于 Access 表的记录排序,英文是按大小写字母的 ASCII 码值排序的。   (   )

6. 设置表中字段的属性,其中输入法模式用来规定数据的输入方式,有效性规则用来限定输入该字段的数据必须满足指定的规则。   (   )

7. 在 Access 中,表的主关键字将自动被设置为表的主索引。   (   )

8. 因为查询是以数据表或其他查询为基础而创建的,因此,查询在数据统计和检索工作上没有数据表那么多的功能。   (   )

9. 可以通过"选择查询"修改表中的数据。

10. 有效的通配符包括问号(?),它表示问号所在的位置可以是任何一个字符;星号(*),它表示星号所在的位置可以是任何多个字符。   (   )

笔试试卷 2 答案

一、选择题(每题 2 分,共 50 分。)

题号	1	2	3	4	5	6	7	8	9	10
答案	C	C	C	A	A	B	B	D	C	C
题号	11	12	13	14	15	16	17	18	19	20
答案	A	C	C	B	C	D	A	A	C	A
题号	21	22	23	24	25					
答案	C	D	C	A	C					

二、填空题(每题 2 分,共 30 分。)

1. 封装
2. 实例
3. DEBFCA
4. 逻辑独立性
5. 变换型
6. 数据定义查询
7. 非组合型组合框
8. 计算字段
9. 滚动条
10. 操作
11. 设计
12. 动态
13. 字段控件
14. "自动报表"功能
15. 主窗体与子窗体

三、判断题(每题 1 分,共 20 分。)

题号	1	2	3	4	5	6	7	8	9	10
答案	×	×	√	×	×	√	√	×	×	√

上机试卷 1

考生的一切操作均在打开的"职工基本情况"数据库中进行(所有数据都在考生文件夹中)。

一、基本操作题

1. 将考生文件夹下的"职工基本情况表.xls"文件导入数据库中,主关键字为"职工编号",再将导入的表命名为"zgjbqk"。

2.将该表中的"出生时间"字段类型修改为"日期型","必填字段"。

3.将该表中"职工编号"为"1005"的记录删除。

4.在"zgjbqk"添加一条记录,数据内容为"1010,明磊,普通工人,1972-2-21,03/04/1998,蒙古族"。

二、简单应用题

1.创建一个生成表查询名为"cx",将"zgjbqk"表出生时间在1976年1月1日以前的职工保存到名为"cscx"的表中,要求该表中有如下字段,"职工编号、姓名、工作时间"。

2.用向导对"zgjbqk"表创建一个分组报表名称为"zg"(包含"zgjbqk"表中所有字段)。要求按"民族"分组,按"职工编号"升序排序,报表的布局为"递阶式",采用"大胆"样式。

三、综合应用题

1.(1)在"职工基本情况"数据库中,利用窗体向导创建名为"zgqk"的窗体。

(2)窗体为纵栏式,采用标准样式(包含"zgjbqk"表中所有字段)。

2.(1)创建两个宏:第一个宏名为"打开窗体",操作为打开"zgqk"窗体;第二个宏名为"打开报表",操作为打开"zg"报表,视图方式为"打印预览"。

(2)创建名为"职工情况"的窗体,在其上添加两个命令按钮名称分别为"命令0"和"命令1",文本分别为"打开窗体"和"打开报表",功能是分别运行宏组中名称为"打开窗体"和"打开报表"的宏。要求窗体格式如图1所示。

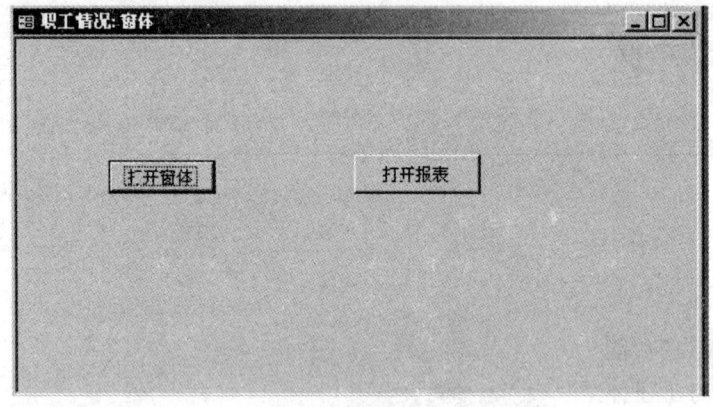

图1 窗体

上机试卷2

考生的一切操作均在打开的"student"数据库中进行(所有数据都在考生文件夹中)。

一、基本操作题

1.按照"学生成绩表"的结构复制新表"高一成绩表",并将"学生成绩表"中高一学生的成绩全部复制到"高一成绩表"中。

2.在"高一成绩表"末尾"学生编号、年级、语文、数学、外语"字段里依次添加:

000343   高一 829679

000367   高一 799980

3.对"高一成绩表"中的记录按"学生编号"降序排序。

4. 将"学生编号表"中"姓名"为"倪嘉敏"的记录改为"倪俊",并删除表中姓名为"曹亮瑜"的记录。

二、简单应用题

1. 通过"学生成绩表"建立查询"三门总分",包含"学生编号、语文、数学、外语、三门总分"字段,三门总分=语文+数学+外语,条件是三门课程都在80分以上。

2. 对"学生家庭情况表"和"学生编号表"创建名为"查询1"的查询,要求包括字段"学生编号、姓名、邮政编码、家庭住址",利用"查询1"创建一个"学生通信地址"的标签,要求按学生编号排序,在标签上包括查询中的全部字段。字体为华文行楷,14号。

三、综合应用题

1. 设置一个名为"启动"的窗体,要求一启动该数据库,直接进入该窗体,应用程序标题为"高校管理系统",窗体设置如下:

①窗体标题为"高校管理系统";

②窗体无滚动条;

③窗体无记录选定器;

④窗体无分隔线。

2. 在该窗体上添一个名称为"标签2"的标签控件,显示"高校管理系统",字体为隶书,26号,边框样式为虚线,前景颜色为13209,宽度为8.8,高度为1.1,文本居中对齐。

3. 在该窗体上添加一个名称为"命令3"的命令按钮,显示记事本图标,单击时可以打开记事本进行编辑。按钮提示文本为"运行'记事本'"。

国家计算机等级考试样题

国家计算机等级考试二级 Access 笔试样题

Access 笔试样题 1

一、选择题

1. 在深度为 5 的满二叉树中,叶子结点的个数为( )。
   A. 32   B. 31
   C. 16   D. 15

2. 若某二叉树的前序遍历访问顺序是 abdgcefh,中序遍历访问顺序是 dgbaechf,则其后序遍历的结点访问顺序是( )。
   A. bdgcefha   B. gdbecfha
   C. bdgaechf   D. gdbehfca

3. 一些重要的程序语言(如 C 语言和 Pascal 语言)允许过程的递归调用。而实现递归调用中的存储分配通常用( )。
   A. 栈   B. 堆
   C. 数组   D. 链表

4. 软件工程的理论和技术性研究的内容主要包括软件开发技术和( )。
   A. 消除软件危机   B. 软件工程管理
   C. 程序设计自动化   D. 实现软件可重用

5. 开发软件时对提高开发人员工作效率至关重要的是( )。
   A. 操作系统的资源管理功能   B. 先进的软件开发工具和环境
   C. 程序人员的数量   D. 计算机的并行处理能力

6. 在软件测试设计中,软件测试的主要目的是( )。
   A. 实验性运行软件   B. 证明软件正确
   C. 找出软件中全部错误   D. 发现软件错误而执行程序

7. 数据处理的最小单位是( )。
   A. 数据   B. 数据元素
   C. 数据项   D. 数据结构

8. 索引属于( )。
   A. 模式　　　　　　　　　　　　B. 内模式
   C. 外模式　　　　　　　　　　　D. 概念模式
9. 下述关于数据库系统的叙述中正确的是( )。
   A. 数据库系统减少了数据冗余
   B. 数据库系统避免了一切冗余
   C. 数据库系统中数据的一致性是指数据类型一致
   D. 数据库系统比文件系统能管理更多的数据
10. 数据库系统的核心是( )。
    A. 数据库　　　　　　　　　　　B. 数据库管理系统
    C. 模拟模型　　　　　　　　　　D. 软件工程
11. 在以下数据库系统(由数据库应用系统、操作系统、数据库管理系统、硬件四部分组成)层次示意图中,数据库应用系统的位置是( )。

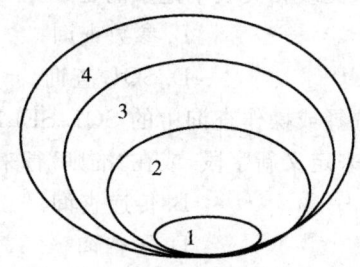

   A. 1　　　　　　　　　　　　　　B. 3
   C. 2　　　　　　　　　　　　　　D. 4
12. 数据库系统四要素中,( )是数据库系统的核心和管理对象。
    A. 硬件　　　　　　　　　　　　B. 软件
    C. 数据库　　　　　　　　　　　D. 人
13. Access 数据库中,( )数据库对象是其他数据库对象的基础。
    A. 报表　　　　　　　　　　　　B. 查询
    C. 表　　　　　　　　　　　　　D. 模块
14. 通过关联关键字"系别"这一相同字段,表1和表2构成的关系为( )。

表1

学号	系别	班级
2011141	一系	1023
3011111	一系	1023
4011102	三系	1022

表 2

系别	报到人数	未到人数
一系	100	3
二系	200	3
三系	300	6

  A. 一对一   B. 多对一
  C. 一对多   D. 多对多

15. 某数据库的表中要添加 internet 站点的网址，则该采用的字段类型是（ ）。
  A. OLE 对象数据类型   B. 超级连接数据类型
  C. 查阅向导数据类型   D. 自动编号数据类型

16. 在 Access 的 5 个最主要的查询中，能从一个或多个表中检索数据，在一定的限制条件下，还可以通过此查询方式来更改相关表中记录的是（ ）。
  A. 选择查询   B. 参数查询
  C. 操作查询   D. SQL 查询

17. （ ）是包含另一个选择或操作查询中的 SQL SELECT 语句，可以在查询设计网格的"字段"行中输入这些语句来定义新字段，或在"准则"行来定义字段的准则。
  A. 联合查询   B. 传递查询
  C. 数据定义查询   D. 子查询

18. 下列不属于查询的三种视图的是（ ）。
  A. 设计视图   B. 模板视图
  C. 数据表视图   D. SQL 视图

19. 要将"选课成绩"表中学生的成绩取整，可以使用（ ）。
  A. Abs([成绩])   B. Int([成绩])
  C. Srq([成绩])   D. Sgn([成绩])

20. 在查询设计视图中（ ）。
  A. 可以添加数据库表，也可以添加查询
  B. 只能添加数据库表
  C. 只能添加查询
  D. 以上两者都不能添加

21. 窗体是 Access 数据库中的一种对象，以下（ ）不是窗体具备的功能。
  A. 输入数据   B. 编辑数据
  C. 输出数据   D. 显示和查询表中的数据

22. 窗体有 3 种视图，用于创建窗体或修改窗体的窗口是窗体的（ ）。
  A. "设计"视图   B. "窗体"视图
  C. "数据表"视图   D. "透视表"视图

23. "特殊效果"属性值用于设定控件的显示特效，下列属于"特殊效果"属性值的是（ ）。

①"平面"、②"颜色"、③"凸起"、④"蚀刻"、⑤"透明"、⑥"阴影"、⑦"凹陷"、⑧"凿痕"、⑨"倾斜"

  A. ①②③④⑤⑥   B. ①③④⑤⑥⑦
  C. ①④⑥⑦⑧⑨   D. ①③④⑥⑦⑧

24. 窗口事件是指操作窗口时所引发的事件,下列不属于窗口事件的是( )。
  A. "加载"   B. "打开"
  C. "关闭"   D. "确定"

25. 下面关于报表对数据的处理中叙述正确的是( )。
  A. 报表只能输入数据   B. 报表只能输出数据
  C. 报表可以输入和输出数据   D. 报表不能输入和输出数据

26. 用于实现报表的分组统计数据的操作区间的是( )。
  A. 报表的主体区域   B. 页面页眉或页面页脚区域
  C. 报表页眉或报表页脚区域   D. 组页眉或组页脚区域

27. 为了在报表的每一页底部显示页码号,那么应该设置( )。
  A. 报表页眉   B. 页面页眉
  C. 页面页脚   D. 报表页脚

28. 要在报表上显示格式为"7/总10页"的页码,则计算控件的控件源应设置为( )。
  A. /总[Pages]   B. =/总[Pages]
  C. &"/总"&[Pages]   D. =&"/总"&[Pages]

29. 可以将 Access 数据库中的数据发布在 Internet 网络上的是( )。
  A. 查询   B. 数据访问页
  C. 窗体   D. 报表

30. 在数据访问页的工具箱中,为了在一个框内插入滚动的文本应选择的图标是( )。

  A.   B.
  C.   D.

31. 下列关于宏操作的叙述错误的是( )。
  A. 可以使用宏组来管理相关的一系列宏
  B. 使用宏可以启动其他应用程序
  C. 所有宏操作都可以转化为相应的模块代码
  D. 宏的关系表达式中不能应用窗体或报表的控件值

32. 用于最大化激活窗口的宏命令是( )。
  A. Minimize   B. Requery
  C. Maximize   D. Restore

33. 在宏的表达式中要引用报表 exam 上控件 Name 的值,可以使用引用式( )。
  A. Reports!Name   B. Reports!exam!Name
  C. exam!Name   D. Reports exam Name

34. 可以判定某个日期表达式能否转换为日期或时间的函数是( )。
  A. CDate   B. IsDate

C. Date   D. IsText

35. 以下（　　）定义了 10 个整型数构成的数组，数组元素为 NewArray(1)至 NewArray(10)。

   A. Dim NewArray(10)As Integer
   B. Dim NewArray(1 To 10)As Integer
   C. Dim NewArray(10) Integer
   D. Dim NewArray(1 To 10) Integer

二、填空题

1. 在树形结构中，树根结点没有_____。
2. Jackson 结构化程序设计方法是英国的 M. Jackson 提出的，它是一种面向_____的设计方法。
3. 面向对象的模型中，最基本的概念是对象和_____。
4. 软件设计模块化的目的是_____。
5. 数据模型按不同应用层次分成 3 种类型，它们是概念数据模型、_____和物理数据模型。
6. 二维表中的一行称为关系的_____。
7. 三个基本的关系运算是_____、_____和联接。
8. 窗体由多个部分组成，每个部分称为一个_____，大部分的窗体只有_____。
9. _____是窗体上用于显示数据、执行操作、装饰窗体的对象。
10. 一个主报表最多只能包含_____子窗体或子报表。
11. 在数据访问页的工具箱中，图标 ▭ 的名称是_____。
12. 数据访问页有两种视图，分别为页视图和_____。
13. VBA 中定义符号常量的关键字是_____。

Access 笔试样题 1 答案

一、选择题

1—5   BDABB   6—10   DCBBB   11—15   DCCCB
16—20 ADBBA   21—25 CADDB   26—30   DCDBA
31—35 DCBBB

二、填空题

1. 前件   2. 数据结构   3. 类
4. 降低复杂性   5. 逻辑数据模型   6. 记录元组
7. 选择，投影   8. 节，主体   9. 控件
10. 两极   11. 命令按钮   12. 设计视图
13. Const

Access 笔试样题 2

一、选择题

1. 算法的空间复杂度是指（　　）。
   A. 算法程序的长度
   B. 算法程序中的指令条数
   C. 算法程序所占的存储空间
   D. 执行过程中所需要的存储空间

2. 用链表表示线性表的优点是（　　）。
   A. 便于随机存取
   B. 花费的存储空间较顺序存储少
   C. 便于插入和删除操作
   D. 数据元素的物理顺序与逻辑顺序相同

3. 数据结构中，与所使用的计算机无关的是数据的（　　）。
   A. 存储结构　　　　　　　　　　B. 物理结构
   C. 逻辑结构　　　　　　　　　　D. 物理和存储结构

4. 结构化程序设计主要强调的是（　　）。
   A. 程序的规模　　　　　　　　　B. 程序的效率
   C. 程序设计语言的先进性　　　　D. 程序易读性

5. 软件设计包括软件的结构、数据接口和过程设计,其中软件的过程设计是指（　　）。
   A. 模块间的关系
   B. 系统结构部件转换成软件的过程描述
   C. 软件层次结构
   D. 软件开发过程

6. 检查软件产品是否符合需求定义的过程称为（　　）。
   A. 确认测试　　　　　　　　　　B. 集成测试
   C. 验证测试　　　　　　　　　　D. 验收测试

7. 数据流图用于抽象描述一个软件的逻辑模型,数据流图由一些特定的图符构成。下列图符名标识的图符不属于数据流图合法图符的是（　　）。
   A. 控制流　　　　　　　　　　　B. 加工
   C. 数据存储　　　　　　　　　　D. 源和潭

8. 应用数据库的主要目的是（　　）。
   A. 解决数据保密问题　　　　　　B. 解决数据完整性问题
   C. 解决数据共享问题　　　　　　D. 解决数据量大的问题

9. 在数据库设计中,将 E-R 图转换成关系数据模型的过程属于（　　）。
   A. 需求分析阶段　　　　　　　　B. 逻辑设计阶段
   C. 概念设计阶段　　　　　　　　D. 物理设计阶段

10. 在数据管理技术的发展过程中,经历了人工管理阶段、文件系统阶段和数据库系统阶段。其中数据独立性最高的阶段是（　　）。

A. 数据库系统　　　　　　　　B. 文件系统

C. 人工管理　　　　　　　　　D. 数据项管理

11. DB（数据库）、DBS（数据库系统）、DBMS（数据库管理系统）三者之间的关系是（　　）。

A. DBS 包括 DB 和 DBMS　　　B. DBMS 包括 DB 和 DBS

C. DB 包括 DBS 和 DBMS　　　D. DBS 等于 DB 等于 DBMS

12. 下图所示的数据模型属于（　　）。

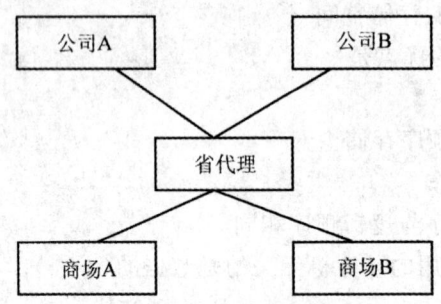

A. 层次模型　　　　　　　　　B. 关系模型

C. 网状模型　　　　　　　　　D. 以上皆非

13. 下列关系模型中术语解析不正确的是（　　）。

A. 记录,满足一定规范化要求的二维表,也称关系

B. 字段,二维表中的一列

C. 数据项,也称分量,是每个记录中的一个字段的值

D. 字段的值域,字段的取值范围,也称为属性域

14. 通过"系别"这一相同字段,表1和表2构成的关系为（　　）。

表 1

系别	男生	女生	备注
一系	100	98	略
二系	98	63	略
三系	97	59	略

表 2

学号	系别	班级名称
2011141	一系	1023
3011111	一系	1023
4011102	三系	1022

A. 一对一 B. 多对一
C. 一对多 D. 多对多

15. 用SQL语言描述"在教师表中查找男教师的全部信息",以下描述正确的是（　　）。

A. SELECT FROM 教师表 IF（性别='男'）

B. SELECT 性别 FROM 教师表 IF（性别='男'）

C. SELECT * FROM 教师表 WHERE（性别='男'）

D. SELECT * FROM 性别 WHERE（性别='男'）

16. 将所有字符转换为大写的输入掩码是（　　）。

A. > B. <
C. 0 D. A

17. Access中表与表的关系都定义为（　　）。

A. 一对多关系 B. 多对多关系
C. 一对一关系 D. 多对一关系

18. 下列属于操作查询的是（　　）。

①删除查询
②更新查询
③交叉表查询
④追加查询
⑤生成表查询

A. ①②③④ B. ②③④⑤
C. ③④⑤① D. ④⑤①②

19. （　　）会在执行时弹出对话框,提示用户输入必要的信息,再按照这些信息进行查询。

A. 选择查询 B. 参数查询
C. 交叉表查询 D. 操作查询

20. 查询能实现的功能有（　　）。

A. 选择字段,选择记录,编辑记录,实现计算,建立新表,建立数据库

B. 选择字段,选择记录,编辑记录,实现计算,建立新表,更新关系

C. 选择字段,选择记录,编辑记录,实现计算,建立新表,设置格式

D. 选择字段,选择记录,编辑记录,实现计算,建立新表,建立基于查询的报表和窗体

21. 特殊运算符"ln"的含义是（　　）。

A. 用于指定一个字段值的范围,指定的范围之间用And连接

B. 用于指定一个字段值的列表,列表中的任一值都可与查询的字段相匹配

C. 用于指定一个字段为空

D. 用于指定一个字段为非空

22. 下面示例中准则的功能是（　　）。

字段名	准则
工作时间	Between #99-01-01# And #99-12-31#

A. 查询 99 年 1 月之前参加工作的职工

B. 查询 99 年 12 月之后参加工作的职工

C. 查询 99 年参加工作的职工

D. 查询 99 年 1 月和 2 月参加工作的职工

23. 窗体中的信息不包括（　　）。

A. 设计者在设计窗口时附加的一些提示信息

B. 设计者在设计窗口时输入的一些重要信息

C. 所处理表的记录

D. 所处理查询的记录

24. 用于创建窗体或修改窗体的窗口是窗体的（　　）。

A. 设计视图

B. 窗体视图

C. 数据表视图

D. 透视表视图

25. 没有数据来源，且可以用来显示信息、线条、矩形或图像的控件的类型是（　　）。

A. 结合型　　　　　　　　　　B. 非结合型

C. 计算型　　　　　　　　　　D. 非计算型

26. 下列不属于控件格式属性的是（　　）。

A. 标题　　　　　　　　　　　B. 正文

C. 字体大小　　　　　　　　　D. 字体粗细

27. 鼠标事件是指操作鼠标所引发的事件，下列不属于鼠标事件的是（　　）。

A."鼠标按下"

B."鼠标移动"

C."鼠标释放"

D."鼠标锁定"

28. 对报表属性中的数据源设置，下列说法正确的是（　　）。

A. 只能是表对象

B. 只能是查询对象

C. 既可以是表对象也可以是查询对象

D. 以上说法均不正确

29. 报表中的报表页眉是用来（　　）。

A. 显示报表中的字段名称或对记录的分组名称

B. 显示报表的标题、图形或说明性文字

C. 显示本页的汇总说明

D. 显示整份报表的汇总说明

30. 请判断以下这张报表的类型（　　）。

学生信息表

编号	980301
姓名	王海
性别	男
年龄	20
入校时间	1998-3-1
简历	山东日照
编号	980302
姓名	李海亮
性别	男
年龄	20
入校时间	1998-3-1
简历	山东青岛

A. 纵栏式报表 B. 表格式报表
C. 图表报表 D. 标签报表

31. 数据访问页有两种视图方式,它们是( )。
A. 设计视图和数据表视图 B. 设计视图和页视图
C. 设计视图和打印预览视图 D. 设计视图和窗体视图

32. 在数据访问页的工具箱中,用于绑定 HTML 的图标是( )。
A. 　　　　　　　　　　B.
C. 　　　　　　　　　　D.

33. 能够创建宏的设计器是( )。
A. 窗体设计器 B. 报表设计器
C. 表设计器 D. 宏设计器

34. 用于打开报表的宏命令是( )。
A. OpenForm B. Openquery
C. OpenReport D. RunSQL

35. 以下关于标准模块的说法不正确的是( )。
A. 标准模块一般用于存放其他 Access 数据库对象使用的公共过程
B. 在 Access 系统中可以通过创建新的模块对象而进入其代码设计环境
C. 标准模块所有的变量或函数都具有全局特性,是公共的
D. 标准模块的生命周期是伴随着应用程序的运行而开始,关闭而结束

二、填空题

1. 长度为 n 的顺序存储线性表中,当在任何位置上插入一个元素概率都相等时,插入一个元素所需移动元素的平均个数为_____。

2. 用树型结构表示实体类型及实体间联系的数据模型称为_____。

3. 类是一个支持集成的抽象数据类型,而对象是类的_____。

4. 数据流图的类型有_____和事务型。

5. 当数据的物理结构(存储结构、存取方式等)改变时,不影响数据库的逻辑结构,从而不致引起应用程序的变化,这是指数据的_____。

6. 和文件系统相比,数据库系统的数据冗余度_____,数据共享性_____。

7. 关系中能够唯一标识某个记录的字段称为_____字段。

8. 创建查询的方法有两种,分别为"使用向导"创建和_____。

9. 如果一个查询的数据源仍是查询,而不是表,则该查询称为_____。

10. 窗体由多个部分组成,每个部分称为一个节,大部分的窗体只有_____。

11. 用于设定控件的输入格式,仅对文本型或日期型数据有效的控件的数据属性为_____。

12. Access 中,提供了 3 种创建报表的方式:使用自动功能、使用向导功能和使用_____创建。

13. Access 在完成数据访问页的创建后,自动以_____文件格式将数据访问页保存在当前文件夹中,并在当前数据库的"页"对象中创建该数据访问页的快捷方式。

14. 三维数组 Array(3,3,3)的元素个数为_____。

Access 笔试样题 2 答案

一、选择题

1—5　DCCDB　　6—10　AACBA　　11—15　ACACC
16—20　AADBD　　21—25　BCBAB　　26—30　BDCBA
31—35　BDDCC

二、填空题

1. n/2　　2. 层次模型　　3. 实例
4. 变换型　　5. 物理独立性　　6. 小,高
7. 主关键　　8. 使用设计器　　9. 子查询
10. 主体节　　11. 输入掩码　　12. "设计"视图
13. HTML　　14. 64

国家计算机等级考试二级 Access 上机样题

Access 上机样题 1

1. 基本操作(24 分)

(1)新建“入学登记表. mdb”数据库,将“入学登记表. txt”导入到“入学登记表”表中,以逗号为分隔符,第一行为字段名,设置 ID 为主键。(8 分)

(2)为“入学登记表”表筛选 1980 年出生,性别为“男”的用户信息,结果按照高考分数降序排列。筛选结果如图 1 所示。(8 分)

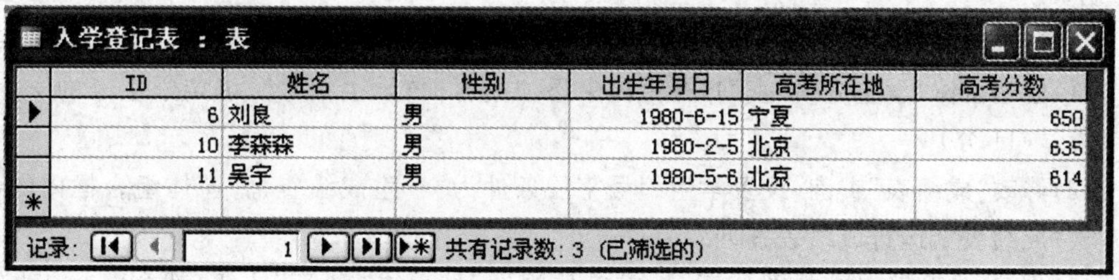
入学登记表 : 表

ID	姓名	性别	出生年月日	高考所在地	高考分数
6	刘良	男	1980-6-15	宁夏	650
10	李森森	男	1980-2-5	北京	635
11	吴宇	男	1980-5-6	北京	614

记录: 1 共有记录数: 3 (已筛选的)

图 1

(3)按照如下要求新建“高考所在地”表,并添加数据,设置高考所在地与入学登记表的关系设置为一对多。(8 分)

字段名称	字段类型	字段大小	是否主键
高考所在地	文本	10	是

宁夏
北京
四川
福建
黑龙江

2. 简单应用(20 分)

在“学生. mdb”数据库中有教师、课程、授课、课程成绩、系别、班级和学生表。

(1)以系别表、班级表和学生表为数据源,创建查询“计算机系学生”,查询计算机系学生信息。结果显示系名称、班级名称和学生姓名。查询结果如图 2 所示。(10 分)

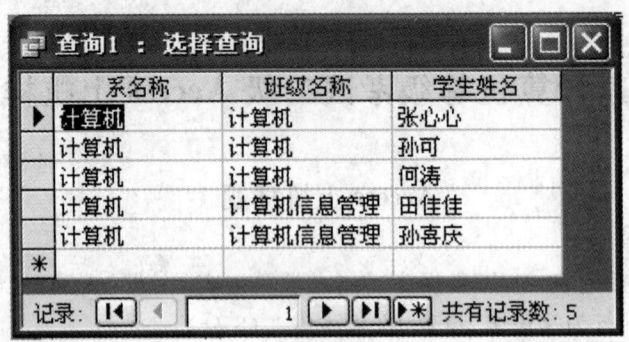

图 2

(2)创建宏"计算机系学生宏",实现打开"计算机系学生"查询和最小化窗口操作。(10 分)

3. 综合应用(36 分)

(1)创建窗体"学生成绩"查询,在窗体中添加组合框"学生编号",绑定学生表的学生编号字段。(11 分)

(2)修改"成绩表"查询,设置学生编号字段条件为"学生成绩查询"窗体组合框内的值。创建宏"成绩表",运行成绩表查询。(11 分)

(3)创建"求和"窗体,如图 3 所示,在窗体视图下,单击"计算"按钮,就会显示 1+2+3+4+5+…+100 的结果,如图 4 所示。(提示:结果用 Msgbox 实现)(14 分)

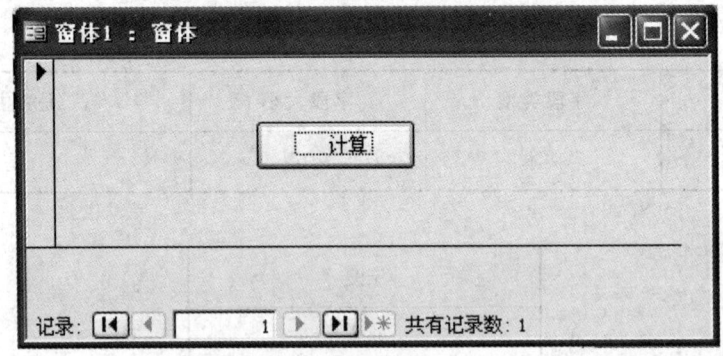

图 3

图 4

(4)单击"计算"按钮后,用 MsgBox 显示计算结果。

Access 上机样题 2

1. 基本操作题

(1)在考生文件夹下,"Access1.mdb"数据库文件中建立表"书",表结构如下。

字段名称	数据类型	字段大小	格式
编号	文本	8	
教材名称	文本	30	
定价	数字	单精度型	
库存数量	数字	整型	
进库日期	日期/时间		短日期
需要重印否	是/否		是/否
作者	备注		

(2)设置"编号"字段为主键。
(3)设置"进库日期"字段默认值为:2003年3月1号。
(4)在"书"表中输入以下两条记录。

编号	教材名称	定价	库存数量	进库日期	需要重印否	作者
200301	VC 入门	37.50	0	2003-5-1	√	李明单
200302	英语四级强化	20.00	1000	2003-5-3	√	张义光

2. 简单应用题

考生文件夹下存在一个数据库文件"Access2.mdb",里面已经设计好两个表对象"学生1"和"学生2"。试按以下要求完成设计。

(1) 以表"学生1"为数据源创建一个选择查询,查找并显示"编号"、"姓名"、"性别"、"进校日期"和"奖励否"五个字段内容,所建查询命名为"学生查询1"。

(2) 以表"学生1"为数据源使用查询设计视图创建一个选择查询,查找并显示所有姓李且年龄大于25岁的学生的"姓名"、"年龄"和"出生地"三个字段内容,所建查询命名为"学生查询2"。

(3) 使用查询设计视图创建一个删除查询,删除表"学生2"中性别为男的记录,所建查询命名为"学生查询3"。

注意:设计此查询准则表达式时,不允许使用特殊运算符 Like。

(4) 创建一个窗体,命名为"窗体1"。设置窗体的"浏览按钮"属性为"否",并将窗体"标题"属性设为"信息浏览";在窗体的主体节区添加两个命令按钮,分别命名为"comR1"和"comR2",按钮标题为"浏览"和"退出"。

3. 综合应用题

考生文件夹下存在一个数据库文件"Access3.mdb",里面已经设计好表对象"学生"和查询对象"查询学生",同时还设计出以"查询学生'为数据源的报表对象'报表学生"。试在此基础上按照以下要求补充报表设计。

(1) 在报表的报表页眉节区位置添加一个标签控件,其名称为"bTitle",标题显示为"学生信息表"。

(2) 在报表的主体节区添加一个文本框,显示"进校日期"字段值。该控件放置在距上边 0.1 厘米,距左边 7.7 厘米,并命名为"tDate"。

(3) 在报表的页面页脚节区添加一个计算控件,使用函数显示出系统日期。计算控件位置在距上边 0.6 厘米,距左边 1.7 厘米,并命名为"tDa"。

注意:不允许改动数据库中的表对象"学生"和查询对象"查询学生",同时也不允许修改报表对象"报表学生"中已有的控件和属性。

附 录

附录1 2013年计算机等级考试二级Access考试大纲

◆ 基本要求

1. 具有数据库系统的基础知识。
2. 基本了解面向对象的概念。
3. 掌握关系数据库的基本原理。
4. 掌握数据库程序设计方法。
5. 能使用Access建立一个小型数据库应用系统。

◆ 考试内容

一、数据库基础知识

1. 基本概念

数据库,数据模型,数据库管理系统,类和对象,事件。

2. 关系数据库基本概念

关系模型(实体的完整性,参照的完整性,用户定义的完整性),关系模式,关系,元组,属性,字段,域,值,主关键字等。

3. 关系运算基本概念

选择运算,投影运算,连接运算。

4. SQL基本命令

查询命令,操作命令。

5. Access系统简介

(1) Access系统的基本特点。
(2) 基本对象:表,查询,窗体,报表,页,宏,模块。

二、数据库和表的基本操作

1. 创建数据库

(1) 创建空数据库。
(2) 使用向导创建数据库。

2. 表的建立

(1) 建立表结构:使用向导,使用表设计器,使用数据表。
(2) 设置字段属性。
(3) 输入数据:直接输入数据,获取外部数据。

3. 表间关系的建立与修改

(1) 表间关系的概念:一对一,一对多。

(2) 建立表间关系。
(3) 设置参照完整性。

4. 表的维护

(1) 修改表结构：添加字段，修改字段，删除字段，重新设置主关键字。
(2) 编辑表内容：添加记录，修改记录，删除记录，复制记录。
(3) 调整表外观。

5. 表的其他操作

(1) 查找数据。
(2) 替换数据。
(3) 排序记录。
(4) 筛选记录。

三、查询的基本操作

1. 查询分类

(1) 选择查询。
(2) 参数查询。
(3) 交叉表查询。
(4) 操作查询。
(5) SQL 查询。

2. 查询准则

(1) 运算符。
(2) 函数。
(3) 表达式。

3. 创建查询

(1) 使用向导创建查询。
(2) 使用设计器创建查询。
(3) 在查询中计算。

4. 操作已创建的查询

(1) 运行已创建的查询。
(2) 编辑查询中的字段。
(3) 编辑查询中的数据源。
(4) 排序查询的结果。

四、窗体的基本操作

1. 窗体分类

(1) 纵栏式窗体。
(2) 表格式窗体。
(3) 主/子窗体。
(4) 数据表窗体。
(5) 图表窗体。
(6) 数据透视表窗体。

2.创建窗体

(1) 使用向导创建窗体。

(2) 使用设计器创建窗体:控件的含义及种类,在窗体中添加和修改控件,设置控件的常见属性。

五、报表的基本操作

1.报表分类

(1) 纵栏式报表。

(2) 表格式报表。

(3) 图表报表。

(4) 标签报表。

2.使用向导创建报表。

3.使用设计器编辑报表。

4.在报表中计算和汇总。

六、页的基本操作

1.数据访问页的概念

2.创建数据访问页

(1) 自动创建数据访问页。

(2) 使用向导数据访问页。

七、宏

1.宏的基本概念

2.宏的基本操作

(1) 创建宏:创建一个宏,创建宏组。

(2) 运行宏。

(3) 在宏中使用条件。

(4) 设置宏操作参数。

(5) 常用的宏操作。

八、模块

1.模块的基本概念

(1) 类模块。

(2) 标准模块。

(3) 将宏转换为模块。

2.创建模块

(1) 创建 VBA 模块:在模块中加入过程,在模块中执行宏。

(2) 编写事件过程:键盘事件,鼠标事件,窗口事件,操作事件和其他事件。

3.调用和参数传递

4.VBA 程序设计基础

(1) 面向对象程序设计的基本概念。

(2) VBA 编程环境:进入 VBE,VBE 界面。

(3) VBA 编程基础:常量,变量,表达式。

(4) VBA 程序流程控制:顺序控制,选择控制,循环控制。

(5) VBA 程序的调试:设置断点,单步跟踪,设置监视点。

◆ 考试方式

上机考试,考试时长 120 分钟,满分 100 分。

1. 题型及分值

单项选择题 40 分(含公共基础知识部分 10 分),操作题 60 分(包括基本操作题、简单应用题及综合应用题)。

2. 考试环境

Microsoft Office Access 2010

附录 2　同步练习题参考答案

第 1 章　数据库基础知识

一、选择题

1. A　2. C　3. D　4. D　5. B　6. B　7. C　8. D　9. B　10. C

11. D　12. D　13. B　14. D　15. C

二、填空题

1. 关系

2. 文件

3. 工作人员

4. 参照完整性、用户定义的完整性

5. 关系

6. 工资号

7. 一对多、多对多

8. 需求分析

三、判断题

1. ×　2. √　3. ×　4. ×　5. √

第 2 章　创建数据库和表

一、选择题

1. C　2. B　3. C　4. D　5. B　6. A　7. A　8. A　9. C　10. B

11. B　12. B　13. C　14. B　15. A

二、填空题

1. 主键

2. 导入

3. 设计

4. 字段名、字段类型

5. 数据表

6. 备注

7. 常规

8. 替换

三、判断题

1. √ 2. × 3. √ 4. √ 5. ×

第3章 查 询

一、选择题

1. D 2. C 3. A 4. D 5. B 6. C 7. B 8. D 9. B 10. C
11. A 12. C 13. D 14. A 15. B

二、填空题

1. 数据表、运行

2. 行标题、列标题、值

3. 255

4. 追加查询

5. 条件

6. 汇总

7. SQL

8. 与/and、或/or

三、判断题

1. × 2. × 3. × 4. × 5. ×

第4章 窗 体

一、选择题

1. C 2. D 3. D 4. B 5. A 6. A 7. D 8. B 9. D 10. B
11. D 12. A 13. C 14. B 15. A

二、填空题

1. 窗体

2. 绑定对象框

3. 查询

4. 数据、事件、其他、全部

5. 纵栏式、表格式、数据表

6. 结构、外观

7. 布局、数据

8. 绑定型控件、非绑定型控件、计算型控件

三、判断题

1. √ 2. × 3. × 4. √ 5. ×

第5章 报 表

一、选择题

1. D 2. D 3. C 4. D 5. C 6. D 7. A 8. C 9. C 10. A
11. B 12. D 13. D 14. D 15. C

二、填空题

1. 报表向导、设计

2. 主体

3. 打印预览、版面预览、设计视图

4. 主体

5. 页面页眉、页面页脚

6. 表、查询

7. 第一页最上方

8. 排序与分组

三、判断题

1. √ 2. × 3. √ 4. √ 5. ×

第 6 章 宏

一、选择题

1. B 2. B 3. D 4. C 5. C 6. B 7. A 8. D 9. B 10. A

11. C 12. C 13. B 14. D 15. A

二、填空题

1. 使操作自动进行

2. 相关参数

3. "宏"设计器

4. 下拉框

5. 操作

6. 排列次序

7. 窗体、报表、查询

8. OpenForm

9. OpenQuery

10. OpenReport

三、判断题

1. √ 2. √ 3. √ 4. × 5. √

第 7 章 模块与 VBA 程序设计

一、选择题

1. B 2. A 3. D 4. B 5. B 6. B 7. C 8. A 9. B 10. C

二、填空题

1. Visual Basic for Application

2. 局部变量、模块变量、全局变量

3. Public

4. Static

5. 分支、循环

三、判断题

1. √ 2. × 3. √ 4. × 5. √